僕がロボットをつくる理由

未来の生き方を日常からデザインする

石黒　浩

世界思想社

はじめに

ロボットが動いたり、話したりしているのを見たことがある人は、おそらくたくさんいると思います。では、ロボットに話しかけたことはありますか？　手をつないだことは？　一緒に旅をしたことは？

僕はロボット研究者で、主にアンドロイド、つまり人間酷似型のロボットをつくっています。研究室には数多くのロボットが住んでいて、学生やスタッフたちとともに日々を過ごしています。もちろん、ロボットに話しかけることも、手をつなぐことも、旅をすることも、普通にあります。そして、ロボット研究を通して、「人間とは何か」「生きるとはどういうことか」を追究しています。これが、僕の日常です。

この本は、そんな日常を過ごす僕が、「食べる」「着る」「話す」など、みなさんにも身近なテーマについて語る本です。僕のこれまでの経験や日々の生活、考え方、ロボット研究を通して見えてきたことなど、様々な話を盛り込んでいます。そして、そのテーマが、「人間の生き方」を考えるときにどんな意味を持つのか、といった深いところにも踏み込んでいます。

これらの話は、どこをとっても、僕がロボットをつくる理由とつながっています。ロボットを人間に近づけようとすると、当然どうすれば人間らしくなるのかを考えますよね。つまり、ロボットが鏡となって、人間の姿を映し出してくれるんです。

そうやって人間について考え続けているので、世の中のあらゆることが、僕の研究対象です。毎日の生活で誰もが当たり前のように行っている物事にも、人間を理解するために大事なことがたくさん詰まっています。当たり前だからと見過ごさずに、その意味をしっかり考え、自分をデザインしていくことで、日常生活はもっと豊かにできると、僕は考えています。

人間に関する大事なこと、たとえば「心」や「自分」、「好き」っていう気持ち、そういうものは全部、定義されていません。誰にもわからないままです。

子どものころは「心って何だろう？」と疑問を持っていたことも、大人になると考えなくなっていく人が多いと思います。壺に「心」と書かれていれば、たとえ中身はわからなくてもそれが「心」なんだから、壺の中は見ちゃだめとフタをしてしまう、そんなかんじです。

生きていくことに精一杯だと、フタをした状態でもなんとなく過ごせてしまうし、そもそもこういう疑問を追究する時間も持てません。でも、どんどん技術が発達していくと、生き残ることだけがすべてではなくなって、人間には考える余地が生まれてきます。自分が生きる目的って何なのか、目的を見失って迷ってしまうことも増えてくるでしょう。

そんなときに、壺のフタがちょっとでも開いていると、わかることがあると思います。逆にフタが閉まっていると、「どうせわからない」「自分にはできない」と、すぐに思考停止状態になってしまいます。固くフタをしすぎて、壺の存在自体を忘れているかもしれません。

フタを開けっ放しにしていると、日常のすべてから必ず得るものがあります。僕は子どものころから、好きなことばかりやっていたし、「自分とは何か」をぼんやりと考えていました。ロボットを通して人間について考えている今も、それがずっと続いていて、壺のフタはいつも全開です。それが僕は楽しいし、しんどいぐらいに生きている実感を常に得ています。

だからみなさんも、一つや二つ、壺のフタを開けてみると、これまでとは違うものが見えてきたり、悩みに向き合うこともできるはずです。半開きでもいいです。フタを開けてみたいなと感じたことが、自分にとって大事なもの、見つけたいものなんだと思います。

この本は、六つの章と終章でできています。各章には「食べる」「着る」「話す」「想像する」「働く」「信じる」という、みなさんにも身近な日常のテーマを用意しました。動物により近い、現実世界により近い部分から、だんだんと社会性を持った、物理世界に縛られない部分へ、個人から社会全体へと視点が広がっていく順番に並んでいます。各テーマにまつわる様々な質問に答えながら、僕の経験や考え方をたくさん話しました。

終章では、各章で語ってきた、これからの「人間の生き方」や、僕がこれからやりたいこと、ロボットとともにつくっていきたい未来など、少し先のほうに目を向けています。

第1章から順番に読んでもらってもいいですし、中身をのぞいてみたいなと感じたところから自由に読んでもらってもかまいません。各章の扉には、僕にとっての、そのテーマが持つ意味を短くまとめてあります。それをふまえて各章を読んでみてください。

研究者としての僕の日常は、みなさんがこれから生きる未来の日常と言えるかもしれません。ロボットと手をつなぎ、一緒に旅をする未来は、そう遠くないはずです。その未来でどう生きていくのか、今の自分、そして未来の自分にとって何が大事なのか、そんなことを考えるとき、この本が何かしらのヒントになればと思います。

普段なにげなく過ごしている日常が、未来の社会とつながったとき、どんなふうに見えてくるのか、一緒にのぞいてみてください。そのうちに、人間にとって大事なものや、人間の存在そのものなど、より深くて大きな壺のフタも、いつの間にか開いているでしょう。

石黒　浩

目次

第3章 言葉と鮮やかな世界——話す 47

第4章 現実を解き放つ力——想像する 71

第5章 進化する私と社会——働く 93

編集協力　大迫知信

第1章

テクノロジーの味

食べる

「食べる」という行為は、技術・
芸術・会話、この三つの形で、
人間の進化を表す。

テクノロジーが生み出す「食」

――食生活や食べ物のこだわりがあれば教えてください。

テクノロジーの味がしないと嫌ですね。テクノロジーがこれだけ進んでいる時代なので、ちゃんと技術に支えられた、安全でおいしくて満足できるものがいいです。

プッチンプリンとかカップラーメン、大好きなんですよ。値段に対する味の良さを味のコストパフォーマンスとするなら、徹底して研究されているから、ものすごくコストパフォーマンスが高い。僕はいろんなフランス料理のレストランに行きましたけど、プッチンプリンよりおいしいプリンは食べたことないです。舌ざわりとか、味のバランスとか、勝てるやつなんてないですよ。あれはケミカルプリンっていって化学的に凝固させています。でも、それでうまいんだからいいじゃないですか。

ようするに、何がいちばん効率がいいかということですよね。カップラーメンってめっちゃ効率いいんですよ。お湯入れて三分、そのあいだに他のことをして、食べるのは一分。調味料だって、グルタミン酸ナトリウムはうま味成分だから入ってるほうがおいしいんです。

某チェーン店のラーメンなんて、ピュアな化学調味料の味がして、さわやかですよね（笑）。よく外国人の客を連れていきます。これがもっとも伝統的なピュアな味がするんだ、と。

自然な食材を食べることには、ほとんど価値を感じないです。「自然」って何かわからないですから。品種改良されてたり、肥料やってたりするわけでしょ。舌で味わうものじゃなくて、自然食品という情報を食べてるかんじですよね。

――昔から食べられているような食べ物には興味がない？

そんなことはないです。僕は滋賀県出身で、伝統料理の鮒寿司も食べますよ。米と鮒を発酵させたにおいが強烈ですから、あれを食べられる人間は、何だって食べられます（笑）。納豆でもくさやでも。

ただ、こうした発酵食品は技術の発達でできたものではないですよね。猿がため込んだ木の実が発酵してできる、猿酒があるんだから。猿にもできることは、人間にだってできるでしょう。ある腐り方をした食べ物がおいしくなるっていうのは、人類の歴史のなかで発見されて当然のことです。むしろ発酵食品を食べることが当たり前だった時代のほうが長い。なんでも生で食べられるようになったのは、現代になってからのことですよ。冷蔵庫が出てきて、発酵させなくても食べ物が保存できるようになったんです。そう考えれば、生の食べ物のほうが「テクノロジーの味」と言えるかもしれません。

料理は化学実験

——自分で料理をすることはありますか？

料理の腕前はほぼプロ級です（笑）。学生のころ、レストランでアルバイトをしていて、そこのコックに教えてもらいました。調理師免許を持っているコックはフロアを担当して、学生アルバイト二人で厨房を全部やってました。わりとこだわりがある店だったんで、たとえばキャベツを切るときに、熱を持つから機械は絶対に使うなと。だから、〇・五ミリくらいで千切りできないとだめなんですけど、僕は手がめちゃめちゃ器用なのでこなしてましたよ。鶏でも丸々一匹の状態からさばけます。カニクリームコロッケなら、中に入れるホワイトソースをルウからつくれますよ。

僕は凝り出したら、毎日のように同じ料理をつくって極めようとしちゃいますね。チャーハンとかたこ焼き、お好み焼きとか、ずーっとつくってました。時間がないから手のかかる

ジャ
ジャッ

ものはつくれないですけど、今もお腹が空けば自分でつくって食べるし、家族の分をつくることもありますよ。家で仕事をしていて、ちょっと気分変えたいなっていうときに、無駄にチャーハンをつくったりします。「わざわざつくらんでいいのに」って言われながら（笑）。

料理の上手い下手は、論理的な思考があるかどうかで決まります。食材と調味料、そして調理方法の組み合わせを考えて、何をどう加えたらどういう味になるかっていうことを、頭の中でちゃんと想像すればいい。料理っていうのは究極のところ、化学実験なんです。

たとえばチャーハンは、油と水分の乳化作用を引き起こすことで、パラパラになる。熱した油に、たまごかけごはんをぶち込んで、一気にかき回す。それで完璧な乳化作用が起こって、おいしい黄金チャーハンができあがる。その条件さえそろえてやればいいんです。

論理的な思考があれば、レシピどおり当たり前につくるだけじゃなくて、好きにアレンジできます。想像力、創造性がないとつまらないですよね。大阪に馬の焼肉を出すお店があるんですけど、めちゃくちゃうまいんです。馬刺しはよくあるけど、馬の焼肉ってほかでは見ない。馬刺しの本場の九州でもやってないことを、大阪でやって、しかも人気店になっているところが面白いですね。おいしいものを追い求めて実験して、新しい発見を生み出してるなと感じます。

消えてしまう総合芸術

――レストランの料理でも、とことん突き詰められていないと、ということでしょうか。

そうですね。食べ物は総合芸術でないとだめだと僕は思います。料理の味は、視覚や聴覚でとらえる情報に大きく左右されます。お腹をふくらますためだけだったら別になんでもいいけど、極められた素晴らしい料理というのは、味はもちろん見た目や香り、口に入れたときの食感や音、五感のすべてを使って感じる総合芸術であるべきです。しかも保存ができず、食べると消えてしまう。そんな芸術、ほかにありませんよね。

料理の盛りつけにも芸術的な感性が必要で、絵が描けないと美しい料理はつくれないと思います。だから、論理的な思考力と芸術的な感性を、高いレベルで併せ持っているのが本当の料理人でしょう。僕のまわりでその条件を満たしているのは、レストラン「ＨＡＪＩＭＥ」のシェフ、米田肇（よねだはじめ）だけですね。彼は理工学部出身で、エンジニアとして働いたこともあるし、フランスでの修行中には自分の絵を売って生活していたこともあります。実験もできて、絵でも食べていける彼の料理は、芸術として完成されています。

たとえばサラダは、一〇〇種類以上の食材を使って、絵画のように美しく盛りつけられています。しかも向かいの人の皿を見ると、葉っぱの一枚一枚が、僕のと寸分たがわず同じ場所に置かれている。野菜って時間が経つと、しなしなになっちゃうじゃないですか。だから三人くらいで、三分ほどでつくっている。人間わざじゃないですよ。

フルコースで一人四万円近くかかるから、毎日食べられるものではないですけど、一度食べてみればそのすごさは絶対わかります。まあ僕は「あんまり来るな」って言われてるんですけどね。シェフには同じ料理を出さないっていうポリシーがあるんですよ。だから、僕が行くときは毎回シェフが徹夜して、新しい料理を考えてくれるので、シェフの奥さんに「先生が来ると大変なことになるから、ちょっと間、開けて来てください」って(笑)。

僕はカップラーメンかＨＡＪＩＭＥ、どっちかでいいです。安くて手軽で安全でおいしい「テクノロジーの味」か、徹底した芸術的料理を味わうか、そのどちらかでいいですね。

体より脳の健康

――一般的には、健康で長生きするためには何を食べたらいいかとか、悩みますよね。

寿命を決める要因なんて様々で、何を食べればいいかを一概に言うのは不可能です。体にいいかどうかを気にしすぎて、ストレスを抱えるほうが不健康になると思いますよ。だから、そんなことを考えて意味があるかわからないし、面倒くさいので、インスタント食品とサプリメントでいいと思うんですけどね。僕はそうしています。

——サプリメントで栄養バランスをとって、あとは好きなものを好きなだけ……。

いやいや、バランス崩れるでしょ（笑）。好きなだけって、栄養とりすぎですよ。食べすぎて体にいいものは何ひとつありません。好きなものを適度に食べればいいんですよ。カップラーメンとかハンバーガーを毎日食べていたら、そのうち嫌になって違うものが食べたくなるでしょ。「そろそろ野菜食べましょう」って体が教えてくれるんです。

体の健康を維持するには、トレーニングするとか薬を飲むとか、いろんな手段がありますよね。だから僕は、あまり体のことは心配していません。それよりも、脳の健康のほうがはるかに重要だと思っています。脳が健康だと精神にも余裕が出てきて、生産的なことに頭を使えます。体にいいか悪いか、食べ物ひとつ口にするくらいで心配しているようでは、脳の健康にはよくないと思いますよ。

ただ脳のことは、心配したところで、良くするのはなかなか難しいんですよ。体は鍛えれば簡単に結果が表れるので、自己満足しやすいんですね。体重を一〇キロ落とすのと、脳の能力を一〇パーセント引き上げるのと、どっちが簡単かっていうことです。脳の能力を一〇パーセント引き上げようと思ったら、死にもの狂いですよ。体重を半分にするより難しいかもしれない。

主観と客観のあいだ

——インスタント食品とサプリメントで生きられるのに、なぜ人間はわざわざ料理をつくって食べるのでしょうか。

食べるという行為は、人間にとってたんなる栄養摂取行動じゃないんですよ。栄養をとるだけなら、一人でインスタント食品とかカロリーメイトを食べておけばいいんです。外食でも牛丼屋は、栄養摂取の場所というかんじですね。僕もよく行っていましたけど、あそこはみんな一心不乱に牛丼をかき込んで、さっと立ち去ればいいわけで、誰かと一緒に盛り上がったりしないでしょ。値段も安くて出てくるのも早いし、一人で食べるのにいいですよね。

食事に時間がかけられない人間にはありがたい。最近は行きづらいんですけどね。店じゅうのみんなが見てくるし、知り合いと一緒に行くと「浮きまくってる」とか言われるし（笑）。

それとは違って、いろんな料理を囲んで、誰かと一緒に食べることもありますよね。人間にとって食べるという行為は、他者とのコミュニケーションをうながす手段でもあるんです。会話って主観的なことばかり言っていたら、お互いに通じ合うことはできないです。でも、食を通じてなら、相手の性別や年齢にかかわらず、主観でものを言っても通じるんです。たとえばサラダを食べて「これ、おいしい」と言うのは主観。そこにどんな野菜が使われているかといったことは客観的な事実。確実に共有できる客観的な事実が目の前にあるからこそ、主観でものを言っても通じるんです。だってお互いに同じものを食べているんだから。この主観と客観が入り混じっていることを「対話」というんです。だから食というのは、主観と客観のあいだにあって、コミュニケーションと非常に近い関係にあるんです。

食べ物の好みが合わなくたっていいんです。違うものが好きな場合と、同じものが好きな場合だったら、違うほうが話が弾みますよ。同じものが好きだったら、わざわざ理由を聞かないけど、違うってなると一生懸命、その理由を説明しないといけない。徹底して説明しないと接点が見つからないので、好みが合わないほうが盛り上がるんですよね。

動物の性、人間の食

——そもそも、私たちはなぜ他人とコミュニケーションをとりたがるのでしょうか。

それは「もっとこの人のことを知りたい、仲良くなりたい」と思うからですよね。その欲求の根本にあるのは性欲ですよ。種を残したいという動物的な本能がそうさせるんです。その目的を実現するために、人間は対話をする。それをうながす食は、人間にとって非常に重要で、性に近いんです。

動物は性と食をきれいに分けているんです。たとえば、類人猿は性によって社会を構成しています。チンパンジーなんて、性器をこすりあわせることがあいさつになってますからね。大勢の前でセックスもする。だけど、ごはんを食べるときは、子どもを押しのけて一人で食べます。みんなで一緒に食べるなんてことはしません。十分満足すればまわりに分け与えることはあるかもしれませんが、自分の生命を維持することを何よりも優先するんですね。つまり動物は、個体保存の欲求と、種族保存の欲求という独立した二つの欲求を持っています。

ところが人類は、文化や技術が発達して、個々の生存する力が強くなっています。だから個体保存の欲求が弱まり、種族保存の欲求との境目が、あいまいになっているんですよ。類人猿の研究者が言うように、人間と猿の違いは、集団でセックスをするのが猿、集団でごはんを食べるのが人間。一人でご飯を食べるのが猿。一人でというか、隠れて特定の相手とセックスするのが人間。というように、食と性の形態が、逆になってるんです。

面白いのは、人間にとって食というものが、たんなる個体を維持する手段じゃなく、社会を構成する手段に使われていること。動物にとってのセックスが、人間にとっての食なんですよ。ようするに人間の社会を、動物のように性によって構成すると、いろんな弊害が起こるわけです。子どもが誰のものかわからなくなったり、暴力も増えるでしょう。腕力の強い者が、暴力で社会を支配するようになります。そういう社会は健全じゃありません。

だからそれに代わるものとして食が出てくる。食は対話をものすごく促進するわけですよ。そして、対話のなかから相手を選んで子孫を残す、というのが人間なんですね。

料理をつくるロボット

――「食べる」という人間の営みに、ロボットはどう関わるのでしょうか。

今話したとおり、「食べる」というのは、人間にとって非常に根本的な営みです。だからこそ、ロボットが入る余地は大きいと思います。なんでもこなせる人間型のロボットが出てくる前に、食に特化したロボットが社会に浸透するでしょうね。

食に関わるロボットには、大きく分けて三種類考えられると思います。「料理をつくるロボット」、「料理を食べるロボット」、「食べられるロボット」です。

まず料理をつくることは、完全に自動化されるようになるはずです。実際に、あるベンチャー企業が開発しているロボットは、人間の腕のようなマニピュレータの先に、包丁やお玉を持って、ちゃんと食材を刻んで、調理してくれます。

ロボットはプログラムによって、どのような動きをするのかが決まります。なので、お母さんがつくったような料理とか、三ツ星レストランのシェフの料理とか、毎日好きに選べるといった付加価値はいくらでも付けられますよ。シェフの味つけの方法や、微妙な塩加減、どのタイミングで煮たり焼いたりするかといったことは、プログラム次第で再現可能です。

再現だけでなく、新しい料理法も生まれるかもしれません。たとえば京都の鱧(はも)って、一ミリ幅くらいで切ってるんですよね。小骨が全体にあって食べられないものを、包丁を入れて骨切りして食べられるようにしているわけです。これをロボットが〇・一ミリ幅で切ったらどうなると思います？　骨がクリーム状になって、鱧が違う魚みたいに味わえるかもしれない。そういうことはいくらでも起こりますよ。そこまでして調理して、人間の味覚がついてくるのかっていう問題はありますけど。

お母さんロボット

──「料理を食べるロボット」はどんなことができるんでしょうか。

料理の味がわかるロボットを、九州大学の先生がつくっていますね。人間よりかなり正確に味がわかって、数値化することも可能です。そうすると食材の食べごろを完璧に判別できる。たとえば、マグロはアミノ酸がたくさん出てる腐りかけがいちばんうまいんです。でも当たり前だけど、腐っちゃうとアウトなんですね。そういうのをロボットが、「これ、おいしいけど、食べたら病気になるかもしれないよ」とか、「ちょっとだけ火を通すとおいしいよ」って教えてくれるかもしれない。

さらに、料理をつくるロボットと組み合わせれば、面白いことが起こります。さっき話したように、食というのは人と人とのコミュニケーションを活性化します。将来的にはロボットが、コミュニケーションの中心になることができるんです。

どういうことかというと、これまで家庭で料理をつくったり、食材の食べごろや腐っていないかどうかをみていたのは、主に専業主婦のお母さんでした。食卓を囲んだ対話の中心も、お母さんでしたよね。でも今は、女性も働くことが当たり前になっています。働く女性の代わりに、家庭でのコミュニケーションの中心を、ロボットが担う。つまり、「お母さんロボット」が登場するんです。

家庭のお母さんは、子どもがごはんを残したりしたら「この子、ちょっと体調悪いんちゃうかな」とかって、体調を把握していたわけですよね。野菜を食べなかったら、栄養が偏るから「もっと野菜も食べなさい」と言って食べさせたり、気づかれないように料理に入れて食べさせたりします。そういうやりとりが家族同士のコミュニケーションを生みますし、健康管理にもなっています。その役割をロボットが担えるようになる。

家族それぞれの食べているものを把握させ、健康管理をさせても、ロボットは完璧にこなせます。食を通じて、家族の健康を気づかったり、味の好みを聞いたりして、ロボットが対話の中心になります。だからロボットが「お母さん」のようになるわけです。それが未来に起こることだと思いますね。

動いているものを食べる

──「食べられるロボット」がどんなことに使えるのか、想像できないのですが……。

ロボット、食べてみたくないですか？　食べられる素材、たとえばお菓子でできたロボットなんて面白いでしょ。固いクッキーやアメは、フレームや外装、ギア、タイヤに利用できるし、弾力のあるグミは、ゴムやバネの代わりになる。動力源は、電動のモーターやバッテリーを使うことはできませんが、食べられる素材同士の化学反応を利用するとか、いろいろ考えられます。気体を発生させれば、それを推進力にして動くこともできます。技術的には十分可能です。ただ今まで、食べられるものでロボットをつくってみようという取り組みがされていなかったんですね。

お菓子が自動で動いたら、子どもにとっては夢のようなおもちゃになりますよ。組み立て式にして、作って遊んで、動き回ってるところを見て、飽きたら捕まえて食べちゃえばいい。

それに、ただ楽しいだけじゃなくて、動いているものを食べるというのは、ちょっと残酷なことをしている気分になると思います。生き物の定義のひとつは、食べられるということですから。単純なロボットでも、食べることができれば、より生き物の感じに近づくはずです。

動いているものを食べるということは、現代社会ではあまり経験できません。スーパーに行けば、肉や魚は切り身のパックですから、生き物の命をいただいているという感覚があまりわかない。僕は子どものころ、田舎暮らしだったので経験してますけどね。安曇川(あどがわ)でよく釣りをして遊んでいて、その日釣った鮎が夕食になることもあったし、飼っていた鶏を食べることもありました。でも都会に住んでいたら、魚を釣ってきて食べるということも簡単にはできません。

僕ら人間が、生き物を食べて、命をつないでいるということを、食べられるロボットは部屋の中にいながら教えてくれます。子どもにとっては一種の食育というか、命の尊さを学ぶ機会になりますよね。

人間型のロボットが出てくる前に、物理的な作業はだいたい、機械的なものに置き換えられていきます。そして人間の主な役割は、人との対話になってくると思うんです。その対話を活性化するいちばん重要な場面が食事であって、そこにこういった様々なロボットが使われていくんじゃないかなと考えています。

二極化するレストラン

――物理的な作業が機械に置き換わるとすると、レストランには料理人がいなくなっていくんでしょうか。

レストランは二極化が進むと思います。お寿司で考えると、回転寿司のシャリはロボットがつくって、人間がその上にネタをのせているんですね。その人はマスクや手袋をはめて、食品加工工場で働いている人と同じ格好をしています。今はそのほうが、コストが安いということなんですが、そのうちロボットがすべてを担うようになるはずです。

ところが回っていない寿司屋に行けば、職人のおっちゃんが素手で握った寿司を出しているんですよね。それが伝統的な寿司の文化なんだけど、回転寿司は伝統をやめた代わりに、調理場に回転寿司工場をつくって、安い値段と、清潔さをウリにしているわけです。

寿司職人のおっちゃんと対話することが目的だとか、ＨＡＪＩＭＥのように芸術的な料理を味わって、そこにシェフが込めたコンセプトまで五感で堪能する。その一方で、一〇〇パーセント自動化された、安くてクリーンなレストランがある。そういう形になっていくで

Sota（左）とCommU（右）

しょうね。

全自動のレストランには、コミュニケーション用のロボットも導入されます。すでに、うちの研究室とファミレスで共同研究していますから。実店舗で「Sota（ソータ）」と「CommU（コミュー）」という、対話型ロボットを使って実証実験をやっていますよ。音声でおすすめの料理を紹介したり、話しかけたり、ゲームで遊んだりしてくれます。客はタッチパネルで言葉を選んで、ロボットと対話できるんです。けっこう好評で、特に家族連れの会話が弾んでいました。コミュニケーションロボットが、食の分野に入ってくるのは間違いないですね。

安くておいしいものが安全に食べられるようになると、人間はやっぱりそれだけでは満足しないですよ。日本ではまず、人口がどんどん減っていくので、人が雇えないという大きな問題がある。人が雇えないから、自動化しちゃうわけです。自動化したレストランが当たり前になって、人口の減少も落ち着いてくると、次はちゃんとしたサービスを期待するようになりますね。めっちゃお金がある人は、寿司屋のように人間から直接サービスを受ければいいけど、そうじゃない人も含めてみんながそれなりのサービスを受けられるようにしようとするなら、相手はロボットになるんでしょうね。

食べることで進化する

――「食べる」ことそのものはどう変わっていくでしょうか。

好きなものを食べて楽しく生きて、いつかは死ぬのが人間です。危険でわからないものを食べるのが人間なのに、安全なものしか食べないって、ロボットみたいですよね。つまり、すべて設計されて予定調和的にちゃんと動こうとする。食においても、人間はロボットをめざしてるんですよね。健康に気をつかって、努力してる。

その努力、つまりロボット化から解き放たれた瞬間が「楽しい」だと思うんです。おいしいものを食べるって健康に反してるんですよ。おいしいものって、砂糖だったり、化学調味料のうま味成分だったりするわけで。理想を求めて努力したい、でもおいしいものも食べたい。そういう動物的な欲望とロボット化の理想のジレンマに常に揺れ動いているのが、人間なんでしょうね。

ただ、そうやっておいしいものばかり食べていたら、異常に太って病気になります。それは快楽に溺れたということです。動物と変わりません。犬は出されたごはんをいくらでも食べちゃうんですよ。そういう動物的で短絡的な楽しさだけを追求すると、人間はだめになってしまいます。

そう簡単には、健康になったり、きれいになったりできないので、努力を続けるのは大変です。でも、何が健康で美しいかということを考えるのは、自分のなかでの価値観をつくっていくことなんです。新しい価値をつくることって、すごくしんどいんだけど、楽しいことでもある。それが、動物との根本的な違いで、人間が本当に進化しているということだと思うんです。

そういう意味で、技術の発達によって人間の「食」は進化すると思います。おいしさを十分味わいつつ、テクノロジーが安心・安全を保証してくれるし、これまでに経験したことのない、芸術的な料理ももっと生まれてくるでしょう。そうして食を通したコミュニケーションが深まれば、人はもっと深く物事を理解できるようになって、さらなる進化、さらなる「楽しい」がどんどん生み出されるんだろうと思います。

第2章

裸を包む機能美

着る

「着る」ことは、アイデンティティの確立であり、人間関係をつくるときの規範になる。

服は黒、下着も黒

――先生はいつも全身黒い服を着ていますよね。なんでですか？

黒が好きだっていうのはなんとなくあるんです。名前に「黒」が入っているからかもしれないし、かっこいいとは思ってるんでしょうね。もともと僕は絵描きになりたかったんですけど、僕の描く絵は雰囲気が暗いんですよ。声も低いし、明るい色は似合わないような気がします。

黒は便利ですよね。フォーマルだし、着こなし方によってはカジュアルにもなる。高校まで は学ランを着ていればよかったので、すごく楽でした。結婚式や葬式にも行けるし。

大学生のころに今と同じ、黒いシャツとズボンを着るようになって、それからこのスタイルはいっさい変わってません。寒くなったら上にベストや革ジャンを着る、以上です。家にはこれが二〇着ぐらいあるだけで、ほかには何もないですね。

家でも服装はこのままです。寝巻は着なくて、下着で寝ます。下着のパンツとシャツも黒。これは便利ですよ。もし火事か何かが起こって、そのまま外に出ても、ランニングしていると思われるだけですから。白だったら下着だとばれちゃうけど（笑）。そういう意味でも黒は合理的です。ちなみに、うちには黒い犬と黒い猫がいるんです。名前もクロとメラン（ギリシャ語で「黒」）です。

黒い服といってもジャケットは持っていません。イギリスの文化に迎合する理由がわからないし、ジャケットのデザインが機能的だとも思えない。革ジャンは、こけても傷がつきにくいとか保温性が高いといった機能面で優れているから、好きなんですよね。

基準は機能美

――ほかの持ち物も、「機能面で優れている」という理由で選ばれていますか？

そうですね。たとえば、ボールペンは一本で三つの色が使えて、ペンのおしりでこすると書いた線が消えるものを愛用してます。ノートは図が書きやすい方眼になっていて、リング綴じなので、折り返して使えば場所もとらない。それに、専用のアプリをインストールしてスマホでそのノートを撮影すると、自動的にずれを補正してきれいにデータ化してくれます。ユニクロのヒートテックも好きです。冬場は暖かくていいですね。どれも本当によくできていると思います。

車は黒のポルシェに乗ってます。見た目がよくてエンジンが大きいだけのスポーツカーとは違って、すごくバランスのとれた車です。よく走るし制動距離も短い。ドイツ人の職人魂を感じます。そういう、機能性を追求していると感じられるものを使っています。

僕は何かを選ぶときの基準として、機能美がいちばん重要だと思ってます。だからすべてのものには機能、つまり理由を求めます。いらないと思ったものはすべて捨てますね。たとえばネクタイなんて最低です。メガネ拭きにもならないし、ほかに何の役に立っているのかわからない。だから絶対ネクタイはしません。

本当は、今着ているシャツの襟も嫌いなんですよ。なんで折り返っているのか理由がわからない。かといって襟がないと首が寒い。学ランのカラーはちょうどよかったけど、プラスチックが入っていて洗濯しにくい。総合的に利便性を考えて、今の服装に落ち着いています。

手先を動かすことが大事

——既製品では、先生の求める機能美のレベルに達しないことも多いのでは？

気に入ったものがなければ自分でつくりますよ。僕は子どものころから手先がすごく器用で、いろんなものをつくっていました。母親が趣味で始めたけどやらなくなった京人形を僕が全部つくって、親戚や友達に配ったりしていました。ペーパークラフトのSLも、設計図なしでもつくれます。最初は型紙なんかで練習したと思うんだけど、写真を見るだけで再現できましたね。

僕はよくパソコンを使うので、腕に時計をはめていると操作しづらい。だから腕時計はベルトを外して、代わりに革を自分で細工して、腰のベルトにつけています。ほかにも革を何枚も張り合わせてつくったキーケースとか、いろんな革細工を職人と同じ技術でつくっています。革細工でも生きていけるかもしれませんね。ほかの仕事をしながら少しずつ革をなめしたり、縫ったり叩いたりして、だいたい一日でつくれます。

単純作業はね、集中しやすくなるんですよ。脳の中でいろんなものがつながりやすくなる。だから、仕事をしながらちょっとずつ手を動かしてることが多いですね。ナイフやペンを磨くのも大好きで、研磨剤とかのツールは山盛りそろえてます。僕にとってはこの「お磨きツール」はすごく大事なものなんですよ。

見た目の追求

——話を服に戻しますが、そもそも人はなぜ服を着るのでしょうか。

着るというのは、人間の体を包むことです。人間はもともと猿のような動物だったとき、全身に毛が生えていました。それが服を着るようになり、環境への適応性が高くなったことで、体毛がほとんどなくなり裸になった。寒いときはたくさん着込み、暑いときには薄着になることで、より体温調整がしやすくなったんです。これは自らの身を守る自己保存の意味があります。

その一方で、人間には「人からかっこよく見られたい」「他人とは違う特別な存在に思われたい」といった社会性を志向する欲求もあります。この社会性と自己保存という二つの問題を気にしながら、人間は生きているわけです。

社会性を優先した服装というのは、着心地がよくないんですね。たとえばハイヒール。履いている女性はかっこよく見えるかもしれないけど、歩ける場所が限られてしまいます。山道なんて歩けないし、走ることも難しいので、自己保存には向いていません。それでもあえ

先生
職人のよう
ですね
キュッ
キュッ
わあ

て、ハイヒールを履くという選択をする人もいますよね。

とても社会性が強くて、魅力的に見えれば、社会のなかで誰かが守ってくれます。一方で自己保存の能力が強ければ、社会なんか無視しても生き延びることができる。人間ってそれらのあいだでバランスをとりながら生きているんですよね。

見た目を追求するというのは、社会のなかで、自分をまわりの人間と区別して認識してもらいたいというアイデンティティの問題なんです。

服も顔もアイデンティティ

——先生が毎日黒い服を着ているのも、「アイデンティティの問題」ということでしょうか。

服というのはもっともわかりやすい、社会的なアイデンティティなんですよ。遠くから人が歩いてきたとき、最初に目につくのは服の色や形ですよね。それから顔が見えて、話をしたりします。初めて会った人なら、そこでようやく名前などの情報がわかるようになるわけです。だから、アイデンティティに気がつく順番は服、顔、名前なんです。名前も顔も変えない、というか変えられないけど、服は変えますよね。なんでですか？

服を選ぶということに僕はずっと疑問を持っています。なぜ毎日、色や形が違う服に着替えるのかわかりません。「気分を変えたいから」？　「今日の服は黒っぽいからしゅんとしておこう」とか「白いから元気にいこう」とか、わけがわからない。

服で変わるような気分なんて些細なことです。それよりも毎日、同じ服を着ることで、自分のアイデンティティを守ったほうが、人が社会のなかで生きていくうえではるかに効果的だと思います。

僕は大学生のころから三〇年近く同じ服装をしています。一度会った人はたいてい僕のことを覚えてくれて、遠くからでも見分けられるって言われます。学会でも、僕は人の名前をなかなか覚えられないけど、僕の名前は瞬間的に覚えてもらえる。

それくらいアイデンティティとしての服って重要なんですよ。だから同じ服を着続けることはいいことだと思いますし、僕はもう変えられないですね。今になって違う服を着たら、まわりに「何かあったんですか⁉」って騒がれるでしょ（笑）。

――服以外に、先生がいつも身につけているものといえば、メガネもありますね。

メガネは僕がデザインしたものです。どこにも売っていません。メガネ屋でもらった、度が入っていない見本のレンズを、自分で手作業で削って、これに合わせてくれって言ってつくってもらいました。

さっきも言ったように、人の顔もアイデンティティを示す大事な要素です。メガネって、顔の面積の三分の一くらいを占めるんですよ。借り物のデザインだったら、アイデンティティが台無しになるじゃないですか。メガネは自分でつくってでも、気に入ったデザインのものをかけたほうがいい。実はこのメガネ、『ドラゴンボール』に出てくるスカウターっぽくしたかったんです（笑）。僕と同じ顔をしたロボットも同じメガネをかけていますよ。

あと、髪も自分で切っています。三〇年、床屋に行っていません。思ったとおりの髪型にならないから。同じ髪型をキープするなら、二週間に一回くらいは切ったほうがいいけど、そんな芸能人みたいな頻度で床屋に行くより、自分で切るほうが手っ取り早いですよね。ハサミ一本あれば自分で切れるから、ホテルの部屋とかでも鏡を見ながらチョキチョキ切ってます。娘が小さいころは僕が髪を切ってましたし、ロボットの髪を切ることもありますよ。

社会に認知される服

――街でよく見かけるような無難な服装をしていれば安心、という考えではいけませんか？

だめではないと思いますよ。これもアイデンティティの問題です。僕の服装だって特注品じゃありません。ユニクロでも買えますよ。同じような服装をした人もたまに見かけます。「他人と服がカブるのが嫌だ」と言う人がいますけど、中身で勝負していないから嫌だと感じるんですよ。そういう人は、他人が同じような服を着ていると、自分のアイデンティティを奪われているように感じるのかもしれません。その人にとって、自分が何者であるかを示すアイデンティティは、見た目がすべてなんですから。

でもよくあるような服装というのは、本当に強いアイデンティティを持った人間からすれば、それをさらに高める手段になりえます。僕はわりと成功しているのかもしれませんね。僕のまわりで黒っぽい服を着ている人がいたら、「石黒のマネをしている」と言われます。それを見ていた人たちは、僕の信者が増えたって思うでしょ。だから僕にとっては「よしよし」ってことになるんですよ（笑）。

世の中で「その人しか着ていない服」があれば単純に、それを着ているだけでアイデンティティとして認知されやすい。多くの人が着る服を身に着け、その人だと認知されるには、相当強いアイデンティティが必要です。だから、あえてそういう服装を選ぶのは勇気がいることだとは思います。

そもそも僕に黒い服が合うというのは、何年も着続けているからです。周囲に「こういう服を着ている人」と認知されてしまえば、それが合うということです。

たとえば僕がずっと白い服を着ていたとしたら、「白い服の石黒」と認知されていたでしょう。服装が合うか合わないかというのは、社会的に認知されているかどうかの問題です。合わないというのは、ようするに自分のアイデンティティが確立していないということですよ。

顔は整形したほうが早い

——服が似合うには、顔や体型も重要だと思います。

もちろん顔と体も大事です。これは相関関係があって、どちらか一方ではなく両方を良くしたほうが効果があるんですね。体は運動して筋肉をつければ健康になるし、見た目も良くなります。だけど、顔はマッサージや表情を動かす体操をしても、ほとんど効きません。気になる部分があるなら、整形手術を受けたほうが早くて確実です。

女性は毎朝、鏡の前で化粧をしますよね。だけど化粧で修正できる範囲には限界があるし、次の日になれば元どおりです。男性だって顔のことで悩んでいるなら、整形手術で直してしまえばいい。今はしっかりした技術があるし、一回直す経験をすると、もし嫌だったらまた直せばいいんだと思えて、安心感につながるんですよ。ようするに、顔なんてその程度のものだって思えば、顔に対するこだわりがすごく減ります。

化粧に長い時間をかけたり、悩んだりする時間なんてもったいないですよ。その時間を使って本でも読んで勉強したほうが、よっぽど有意義です。知能は勉強すれば良くなる可能性がありますから。

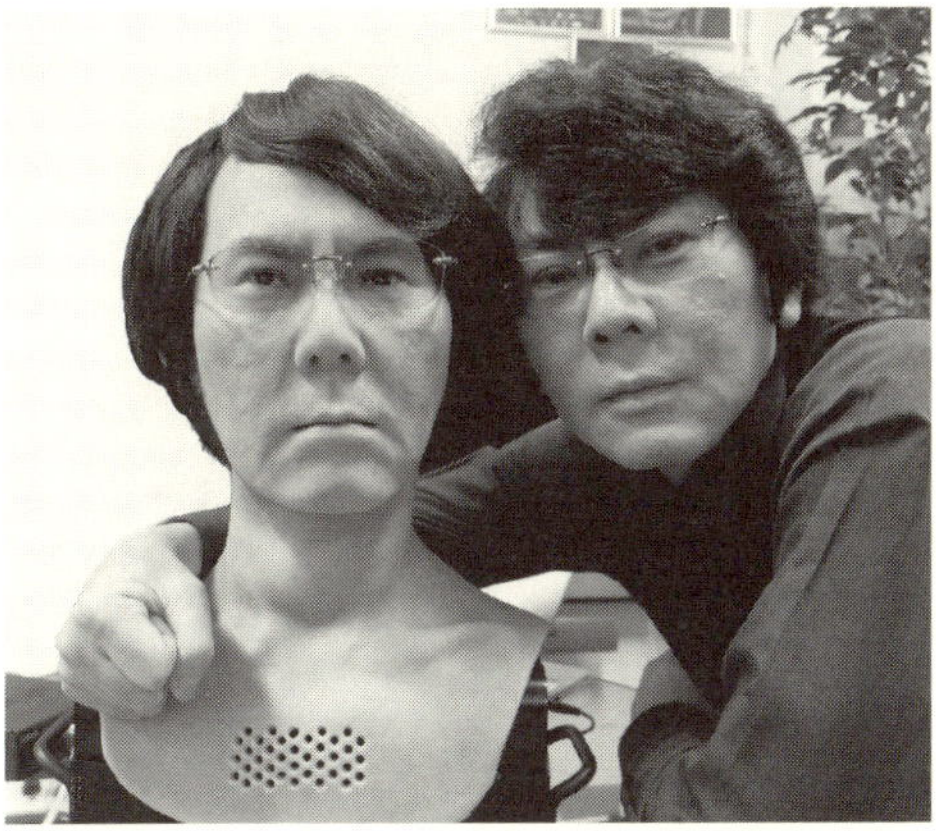

著者とジェミノイド HI-5

僕は自分そっくりのアンドロイドをつくったことがきっかけで、整形手術をしてます。アンドロイドは当然、歳をとらないので、時間が経つと、僕だけ歳をとって見た目に差が出てきますよね。そうすると、みんな比べるじゃないですか。でもアンドロイドをつくり替えると、高額のお金も手間もかかります。顔の皮膚にあたる部分を入れ替えるだけでだいたい三〇〇万円。人の顔だったら一〇〇万円くらいで、なんとか一〇歳くらい若返るので、僕の顔をアンドロイドに近づけるほうが簡単で費用も安い。たとえば「セルリバイブジータ」は、血液から採取した成長因子をシワに沿ったところに入れておくと、しばらくのあいだ、ヒアルロン酸が出続けるというもので、一度の施術で一〇歳くらい若返ります。

実際に顔が若返ってみて思うのは、精神も確実に若返るということ。積極的に外に出て、人と関わりたいと思えてくるんです。そうすると脳も活性化して、あらゆる活動のパフォーマンスが良くなって、社会性が向上します。

永遠の四一歳

――先生は体型もシュッとされてますよね。

体型維持にはけっこう気をつかってますね。それに、顔が若くなると、体型も改善したくなります。

腹筋に電気の刺激を与えて鍛える機械ってありますよね。あれを買ったんですよ。僕は健康器具はめっちゃ買います。だいたい失敗してしまうんですけど（笑）。買ったら絶対、結果がほしいじゃないですか。でも、説明書どおりに一日三〇分使っても効果がないから、三時間も四時間もつけっぱなしにしていたけど、全然効かない。

それで、腹筋を六つに割ることを目標にいろいろ調べてみたら、糖質制限しながらトレーニングをするダイエットがよさそうだとわかったんです。自分でやり方を調べて、徹底的に取り組みました。とにかく糖質はとらず、斜めに倒して角度をつけたベンチで、一日に二〇〇回ほど腹筋のトレーニングをやりました。

腹筋は二か月できっちり六つに割れましたよ。それで体力がついて階段を三段飛ばしで昇っていたら、あるときミシッていって……。腰を痛めてしまったんですよね。元気になりすぎて過度な運動をしてしまった。

だから、やりすぎはよくないですけど、運動をすると体が健康になるのは確かです。顔と精神、そして体と健康の関係は「相互励起」といって、どちらも相互に影響を及ぼし合う関係です。
実感している効果としては、学生と遅くまで飲めるし、遊べるということですね。ほかの先生は、「飲み会に参加するのもしんどい」と言う人もいますけど、僕はまったく平気です。いつまでも若いつもりでいるんで、いつまでも四一歳って言い張ります(笑)。

――なぜ「四一歳」なんですか?

僕のアンドロイドを初めてつくったときが四一歳だったんです。見た目に関しては、僕は小さいころから老け顔だったんで、二〇歳ぐらいのときから四〇歳ぐらいに見られてました。体型も変わってないし、顔は整形を続けてるから、ずっと歳をとっていない感覚がありますね。

「着る」の本当の意味

――服を着ておしゃれをすることも含めて、見た目を追求するのは、モテたいからという理由もあると思います。人はなぜ、モテたいと思うのでしょうか。

それは第1章でも触れた、「コミュニケーションとは何か」という問いとつながります。他者と関わりたいというコミュニケーションの根っこには、性的な欲求があるという話をしましたよね。たとえば動物を見ればわかりやすい。孔雀がきれいな羽を広げることも、ライオンが群れのボスになることも、多くのメスに選ばれて、自分の遺伝子を残すための行動です。だから性行動イコール、見た目と力の問題になります。人間になると、動物のような直接的な力ではなく、財力だったり知能だったり、いくつかの別の要素が加わります。

ようするに、性差がなければ他者とつながりたいという欲求が生まれず、コミュニケーションというものがなかったかもしれません。少なくとも動物はそうなんです。動物に性がなかったら、コミュニケーションしない可能性がある。なぜ鳥がさえずるんですか。パートナーを見つけるために歌を覚えるわけです。

僕らもそうですよね。魅力的なパートナーを見つけたくて、必死で勉強したり、着飾ったり、歌を覚えることだってあります。だから性欲がなければ、人と人をつないで社会を構成するような力は働きません。でも人間にはとても厳しいモラルがあって、社会のなかで性について論じることは、タブー視されています。つまり、「性の問題とコミュニケーションの問題は別のもの」ということになっているんです。

この性というものを社会のなかにうまくブレンドするのが、ファッション、服を「着る」ということだと思うんです。ファッションショーでもほとんどヌードに近いような服だったり、体のラインを強調したような服を着たりしますよね。だけどそれを「魅力的な服」と言ってしまえば、社会におけるファッションの話になる。

最初のほうでも言ったように、ファッションというのは、人間の裸を包むことです。そうして性的な欲望も、社会のなかに混ぜ込んでいる。これが「着る」ということの本当の意味かもしれません。

ロボットが服を着るとき

――だとすると、見た目をどうにでもできるロボットは服を着ないのでしょうか?

人型のロボットは、これから人間社会に入ってきます。そして人間社会のなかでの役割を表すには、制服が必要です。だから、汎用的な人型のロボットがいたとして、ホテルで働くならホテルの制服を着せるし、駅なら駅員の制服を着せるはずです。社会的役割を示すという意味では必ず服を着ます。これは人間と同じですね。

じゃあロボットが、自ら着飾るようになるかといえば、自我がない限りそんなことにはなりません。アイデンティティを持ちたいという強い自己顕示欲がなければ、ブランドものに身を包みたいなんて思いませんよね。

それでもいつかロボットが、自我を持つようになるかもしれません。そうすると自らの判断で、ステイタスやアイデンティティを確保しようと考えて、人が流行に流されるのと同じように、最新のファッションを追いかけるようになる可能性があります。

自己保存という目的で、服を選ぶこともありえます。たとえば異様に寒い日は、凍らないようにしたほうがいいとか、暑い日は少し冷却したほうがいいとか、機能を維持するために服を活用することもあるかもしれません。

——自我を持ったロボットはどんな服装をするようになるでしょうか。

人間が自我を持っている理由は、自分をより強く進化させたいという欲求があるからです。子どもが幼稚園児くらいになると、「ぼく」とか「わたし」とか、自分の名前をよく口にするようになります。一生懸命に自我を獲得しようとしているわけです。やがて自我を確立して、より強い遺伝子を次の世代に残すためのパートナーを探そうとします。だから服を着て、

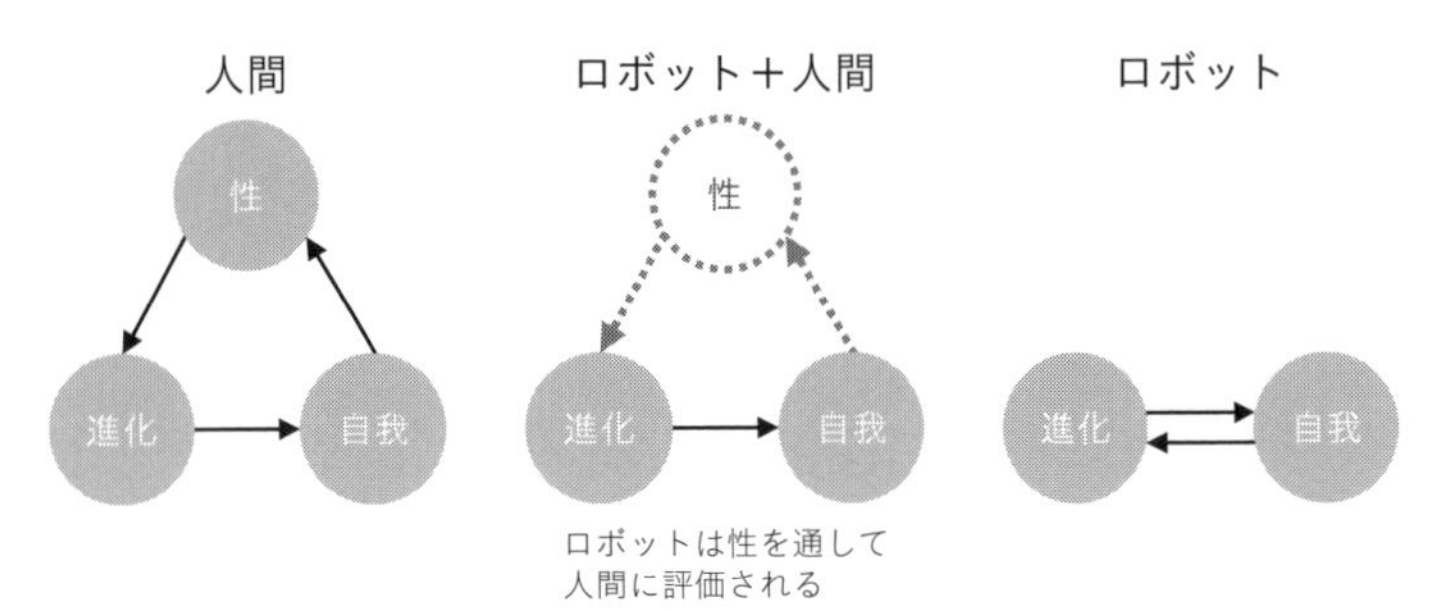

ロボットは性を通して
人間に評価される

見た目を良くする。

図にすると、まず自我があって、より強く進化することを望み、性は進化の手段というわけです。これが人間の「自我」と「性」と「進化」の関係ですね。

ロボットの自我はどうかというと、少なくとも性からはスタートしません。ただし、一度自我が芽生えると、人間と同じように、より強い個体を残して進化したいと思うはずです。でもロボットの場合は、生殖によって進化するわけではありません。

見た目が魅力的な人型のロボットなら、人間のほうから性的な関係を求めるでしょう。そして性を通して人間に気に入られたロボットが、人間によってさらに改良されたり、コピーを残すことになります。ロボットの場合は、人間を通した間接的な進化になるんです。だから自我を持ったロボットは、人間を魅了するような服装をするようになります。

機械化がすでに始まっている

——さらに未来の社会では、どんな服装が出てくるでしょうか。

ここまでは、人間とロボットが入り乱れている時代の話です。最終的にはロボットだけの社会が到来すると思います。千年とか一万年といった単位で考えると、地球がどうなってるか誰にもわかりません。ひどい温暖化が進行しているかもしれないし、想像もつかない規模の氷河期がやってくるかもしれない。ようするに、地球上で生物が生きているのか、どこにも保証はありません。そのときに肉体を持った人間がいなくなり、ロボットしか生き残っていない可能性があるわけです。

そんなロボットだけの社会になったら、どうなりますかね。ファッションや服を着るということは人間の性に関わっていることで、ロボットには関係なくなります。ロボットはどんな形態にだってなれるんです。美しい顔でも、そうじゃない顔でもいいですし、そもそも人間の形をする必要もありません。見た目なんてどうでもいい世界です。

それでも、美しさというものは残ると思います。機械やプログラムからできた複雑なシステムが、シンプルに整理されている美しさです。ごちゃごちゃしていると壊れたときに修理しにくいのは、ロボット同士でも同じはずです。つまりロボットも、きれいに整理された、修理しやすい構造や機能を追求することになります。

性から生まれる魅力、美しさではなく、機能美だけが残るんです。はじめのほうに話しましたが、僕も追求しているのは機能美です。そういう意味では僕自身、機械化が始まっているのかもしれません。

論理的に自分をデザインする

——基準があれば、選ぶもの、追求するものは、おのずとはっきりする、ということですね。そうすると、私たちが着る服を選ぶときも……。

アイデンティティを持とうとして、見た目や腕力に頼っているのでは、動物と変わりません。僕は、人間なら人間らしく、知能で勝負するべきだと思います。アイデンティティとは何かという根本の問題を考えながら、社会のなかで知能を使って、自分の能力を発揮し、存在感を高めていく。それが強いアイデンティティを手にする方法ではないでしょうか。

言い方を変えれば、「見た目よりも中身のことを考えろ」ということです。それでもファッションにこだわるなら、その意味をちゃんと考えてほしい。「家が金持ちだから、流行を追ってセレブだと思われたい」ということでもかまいません。

ただし、自分が流行を追っていることを、自覚しておいたほうがいいと思います。もし貧乏になってしまったら、アイデンティティも失ってしまうことになりますよ。流行に振り回されるのではなく、知能を使って、客観的な視点で論理的に自分をデザインするという意識が大事です。

そのために重要なのは、自分の中で基準を決めること。アイデンティティは、社会で評価されて初めて手にするものと思うかもしれませんが、そもそも自分の中でつくるものです。「自分はどういう基準で生きているんだろう」と、自分自身に問いかけながら基準をつくり、それに従って生きることが、アイデンティティの根源です。

人から認めてもらうことに基準を置くから、何を着ていいのかわからなくなる。他人は関係ないんです。自分の中に生き方の基準があれば、自然と何を着ればいいか決まります。

第3章

言葉と鮮やかな世界

話す

「話す」という行為は、
頭の中にあるイメージを言語化して、
共有するプロセスである。

本に縛られない

——本はたくさん読まれますか？

中学・高校のときは一日一冊くらい読んでいましたね。速読ができたので、たくさん読んでました。高校生のときに、ハーレクイン・ロマンスの話のパターンがどれぐらいあるのか気になって、一日一、二冊ずつ、合計で六〇冊くらい一気に読んだことがあります。結局、パターンはどの話も同じだったんですけど。

小説は、太宰治が大好きです。小学生のときから読んでいます。太宰の小説は、情景がありありと思い浮かぶんですね。だけど、考えて書いてる気がしないんです。絵でいうと、きれいな絵じゃない、でもすごくリアルな絵なんですよ。人間のいちばん生々しいところとか、だらしないところを表現しています。あのグダグダ感がいい。

僕は夏目漱石のアンドロイドをつくりましたけど、小説は『こころ』以外、それほど好みではないです。文学としてきっちり書こうとしていて、ちょっと引いたところから見てるように感じます。太宰は人間、というか自分自身に向き合ってるかんじがする。僕もやっぱり人に関心があるし、その延長でロボットに関心があるので、より人間に接近している、人間味のある太宰のほうが好きですね。漱石の『こころ』と太宰の『走れメロス』だったら、『走れメロス』のほうが純粋なかんじがします。

本はたくさん読んできましたけど、本ばかり読むのもよくないと思っています。あまり読みすぎると、頭でっかちになって、本に書いてあることしか理解できなくなってしまうんです。大事なのは、本に書いてないことを見つけることですよ。本に縛られすぎず、自分で考えるトレーニングもしないと。だから僕は、読むときと読まないときが、めっちゃはっきりしてます。

僕のおすすめは、同じ本を一〇回くらい読むことです。太宰の小説は一〇回以上繰り返し読んでいます。本の世界って、すき間は全部自分で埋められますよね。何度も読むと、どんどん世界観が変わってきて、勝手に自分で世界をつくれるのが、すごく面白いと思います。映画のようにビジュアルで表現されると、すき間がなくて想像できない。本は想像するために読むんです。

言葉のすき間

――「すき間がある／ない」というのはどういうことでしょうか。

たとえば、この部屋を言語で表すのは大変ですが、写真なら一枚です。一枚の写真の情報量は、百冊から千冊の本と同じくらいかもしれません。つまり、言語は情報量が少ないんですよ。

ほかにも、人が意思疎通をするとき、表情で感情をやりとりするほうが、言語よりも早い手段なんです。ようするに、動物であろうが人間であろうが、悲しんでるとか楽しんでるとか笑ってるとか泣いてるというのは、瞬時に共有できる情報なので、話す以前に瞬間的に情報共有する手段として表情があるんです。

だから、視覚的に映像で表現する映画より、言葉で表現する小説のほうが、すき間、つまり想像の余地があるんです。音楽、歌はその中間ですかね。歌は歌詞とメロディで共感覚を誘発して、情景を想像させるわけです。歌詞とメロディ、両方があるから、小説よりもその中に入り込みやすい。歌はインスタントに、映画やドラマの主人公になれるんです。だから歌詞はものすごく重要ですよね。流行ってる歌とか、長年愛されている歌の歌詞は、情景がすごくわかりやすく書かれているから、人が共有しやすいんですね。つまり、小説・音楽・映画という順番で、人間の想像力をより多く必要とするわけです。

僕はカラオケに行ったら、歌詞にこだわって、たいてい暗い歌ばかり歌います。そういう世界観が好きなのかもしれません。映画で好きなのは『壬生義士伝』です。あれも暗い話で……。何回見ても五か所くらいで泣きます。『壬生義士伝』の主人公って、「現実の社会」と「理想とする自分」と「本当の自分」のあいだでもがき苦しみながら、自分らしく生きている。ああいう人間の物語にすごく共感します。

年をとって経験が増えると、感情体験が連想しやすくなるんですよ。小さい子どもに『壬生義士伝』を見せても、全然面白さを理解できないでしょうけど、年上のアメリカ人の心理学者にすすめたら、五回泣いたそうです。吹き替えで見ても僕と同じポイントで泣くって言うんです。言語が違っても、共有できているということですね。

感情を伝える言語

——話す言語が違っても、同じ感動を味わえるということでしょうか。

そうですね。ただ、日本語でしか伝わらないものもあります。「存在感」や「感性」って、英語にはないんです。だから英語で、「感性」は「kansei」って書いてある。日本でしか生まれない感覚とか概念があるんです。日本人が日本語を使って文化をつくってきたので、「感性」というものがあるわけです。日本語がなかったら「感性」が表現されなかった可能性がある。それに、英語と日本語で同じ意味の文章を書くと、英語のほうが二〇パーセント多く、紙面が必要になるんですね。日本語のほうが、はるかに意味が詰まっているんです。

日本語も、標準語は単純化されていて、方言はそれぞれ独特の表現を持ってます。標準語はロボットの言葉みたいなもので、誰にでも通じるし、誰もが話せるけれども、表現能力が削減されているんですね。関西の人間って両方、標準語プラス関西弁を使うじゃないですか。その分、表現能力が豊かで感情も伝えやすいんですよね。

――先生は英語も堪能ですよね。どうやって身につけましたか？

僕は博士課程のころ、伊丹空港の近くに住んでいて、毎晩大学から二〇分かけて歩いて帰っていたんですけど、そのあいだ、見えるものとかあらゆるものを英語で言語化するトレーニングをしてました。英語でぶつぶつ説明しながら歩いてたんですね。なぜかというと、当時の共同研究者がフランス人とアメリカ人で、英語をしゃべれないと博士号がとれなかったからです。研究レベルで考えられる英語ができないといけなかったので、必要に駆られてやってましたね。

英語を本当に抵抗なく話せるようになったのは、外国人の学生や部下を持ったときです。指導教官や上司として、だめなときにはもちろん怒らないといけない。英語で相手が泣くまで説教しました。英語で人を泣かせるのって大変なんですよ。でも感情をあらわにできるレベルまでいくと、普通に話す分にはめっちゃ楽になります。ようするに、本気でしゃべらないといけない状況になれば、きちんと身につくものだと思います。

話すことはロボット的

——本気でトレーニングをすれば当然上達する、と。

ロボットも、大量のデータを使ったディープラーニングによって、しゃべれるようになります。人間もまったく同じですよね。

話すことそのものも、ロボット的なんですよ。基本的に、自分の経験や体験を言葉にしているだけで、それ以外のことを話せる人はほとんどいないと思います。小説家も、多くは自分の体験をもとに書いているのであって、物語というのは実はつくられていないんですよね。

結局、人間って、現実の世界に縛られてるなあと思います。

コンピュータのほうが、ある意味、はるかに新しい情報に通じています。たとえば今、話のネタのほとんどがインターネットから出てくるんですよ。話が楽しいとかうまいって言われる人も、グーグルで検索したネタを話していたりしますよね。自分で考えずに、グーグルさんに聞いてるやろ、と。

でも昔からそうなんです。ネットはなくても長老さんとか、ようするに人間グーグルがいたわけですね。それで、話のうまい人は長老を何人も知っていて、聞いてきた話をします。どこかからネタを仕入れて、それを配っているようなものです。古本を仕入れて転売する「せどり」っていうのがあるでしょ。話のせどりみたいなことしかしていない。そう考えると、話すっていうことは、すごくロボット的だと思います。

あと、昔の本、書籍も、話のネタ元だったんでしょうね。中世ヨーロッパでは、本自体が貴重だったこともありますが、たいていの本は重厚な装飾が施されていました。当時は本が唯一の記録媒体で、人間の代わりだったんです。

そういう意味で、最初のロボットって、本かもしれないですね。人間の脳の中身をコピーしてたんですから。それが今は、コンピュータにとって代わられているわけです。

頭の中を整理する

――先生は、お話がすごく上手だし、ものすごくよくしゃべりますよね。

上手いかどうかはわかりませんけど、話すのはけっこう好きですね。こういうインタビューも講演も楽しいです。自分のことを自由に伝えられるんだから。特に人前で発表するときは、アドレナリン出まくりますよ（笑）。

僕にとって「話す」というのは、とにかく頭の中を整理するためなんです。頭の中にもやもやした、不鮮明なイメージがあるとして、それを言語化して口に出すと、その言葉を聞きながら、このイメージがだんだん鮮明になってくる。

実は僕、何を話すのか、自分でわかっていないことが多いんです。次に何が自分の言葉として出てくるかっていうのが、あんまりわかっていない。今もまさにそうなんですよ。だから、話す行為を通して、オンラインで考えながらずーっとしゃべってるわけですね。話すこと自体が、話したいことを探すことと一緒になってるんです。

ぼんやりしたイメージを言語化、概念化したものがフィードバックされて、頭の中がだんだん整理されてくると、あるとき途端に、構造が見えるんです。インタビューの途中で、ホワイトボードに図を描き始めることがあるでしょ。それはこのプロセスが起きてるからなんですね。最初から描いてくれればいいのにと思うかもしれないけど、それはできないんですよ。

「読む」という行為でも、同じプロセスをたどりますね。読むときって、口には出さなくても頭の中で言葉を出して読むじゃないですか。言葉をずーっと頭の中に入れていくと、イメージが少しずつ固まっていくんですよ。そうすると最終的に「あ、こういうことが言いたかったんだ」っていう図が描けるわけですね。

研究室の学生やスタッフの話を聞くときも、いちいち自分の言葉で解釈しながら、徐々に言葉を頭の中に取り入れます。で、僕がガーッと図にすると、学生は「あ、それが言いたかったんです」と納得して、次のステップに進めるんです。彼らの持ってるもやもやしたイメージを、僕の持ってる知識や経験で再構成してやると、いきなり答えが出るケースが非常に多いですね。

パターンで世界を理解する

――「構造が見える」というのは、どういうことなんでしょうか?

さっき言ったとおり、言葉って情報量が少ないんですね。「言語的に考える」と「パターン的に考える」を比べると、言語は縛りが大きくて、パターンのほうが自由度が高い。だから、パターンで考えたほうが世の中の物事は解決しやすいんです。本当に哲学ができる人というのは、複雑な概念もパターンで考えていて、単純に言語で考えていない。そういう人にとって、言語は人に考えを伝えるためのただの手段なんです。

世の中をパターンでとらえて理解することに関しては、僕は濱口以上の人を知りません。USBメモリやイオンドライヤーを発明した、ビジネスデザイナーの濱口秀司（はまぐちひでし）です。僕は言語化することで概念化して、パターンを見つけるのは得意なんだけど、彼はそのプロセス無しにいきなりパターンとして物事をとらえられるんですね。その点は敵わないような気がします。

濱口とは、対談やパネルトークを一〇回ぐらいやってきたんですけど、ほとんど打ち合わせをしたことがないんですよ。ほかの人とやるときは、ガチガチに打ち合わせするものなんですけど。僕らはお互いに、物事の本質をちゃんと考えているっていう安心感がある。どんな球を投げても、絶対に答えが返ってくるんです。そしてお互いに新しい、面白い発見ができて、問題の核心に到達するので、トークは必ず盛り上がりますね。

問題を深く掘り下げて考えられるとわかっている間柄であれば、無駄なことをしゃべらなくても通じ合えます。そんな人にはなかなか出会えないですよ。

一人では生きられない

——パターンで考えられるから、言葉はいらないんですね。

でも、実際は話してるんですけどね（笑）。やっぱり人間は、一人では物事の真理に到達できない。自分の脳の中を直接見られないので、他者と関わりながら自分を見つけるしかないわけです。それには触ったり抱いたり、匂いをかいだり、いろんな方法があるんだけど、話すっていうのがいちばん知的で、情報を早く交換しやすい。社会や概念を構成するといったことをしやすいわけですよね。

言語というのは、必ず客観性を持ちます。「椅子」と言えば「椅子」という同じようなものをみんながイメージします。そういう共通のイメージを持てることが言語の大前提で、だから言語があることによって、物事を客観的に見て、モデル化して技術を生み出せる。そしてさらに技術力を上げて、能力を拡張することができるわけです。それが人間と動物との違いですよね。

だから、人間が言葉を使ってコミュニケーションするというのは、社会を構成する非常に重要な手段になっていると思うんです。そして、いろんなコミュニケーションの手段が増えることでより効率よく、社会を構成することができる。メールやＳＮＳなどの新しい手段が出てきて、仕事の効率がめちゃくちゃ上がる、そういうかんじですね。それによって、人間は強くなったと思いますよ。

頭の内側と外側

――メールやＳＮＳの登場によって、コミュニケーションがより複雑に、より難しくなったと感じている人もいるのではないでしょうか。

いやいや、むしろ状況は良くなってるでしょう。メディアが増えて、コミュニケーションが苦手だった人が救われてるケースがたくさんあります。面と向かってしゃべるのが下手なうちの学生も、メールだったらいくらでもしゃべりますよ。

そもそも対面かどうかは、そんなに重要ではなくなってきてるんじゃないですか。僕は、信頼できる人とならＳＮＳのやりとりでいいと思っています。実際に、恋人とか家族とか、ＳＮＳでつながることが日常になっているんだから、直接会うよりＳＮＳのほうが大事とも

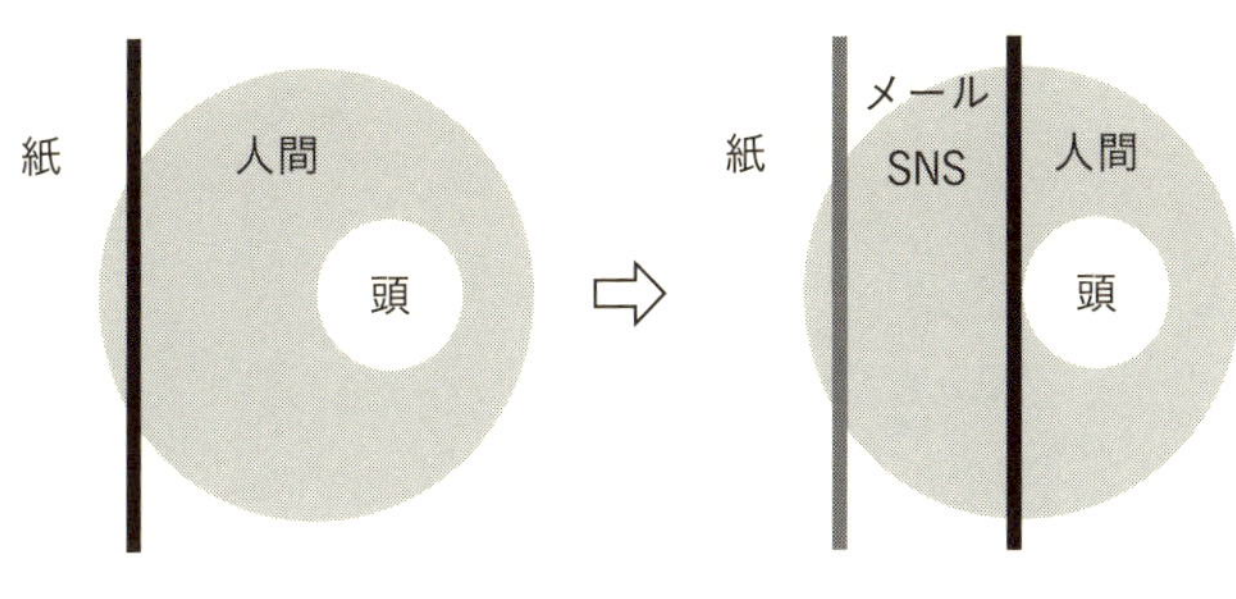

言えるかもしれません。

今は、紙と対面とメール・SNS、この三つの手段があるんですね。紙は機械的で、対面は人間的、メールはそれが合体してる。かつては、紙の世界と対面の世界はきれいに分かれていたので、ややこしくなかったんですよ。その割り切っていた世界が混ざってきて、人間のより深いところまで浸透してきているように感じます。

たとえば、ある人の使ってるSNSを全部解析したら、きっとその人の考え方が九割くらいわかると思います。人間って、社会的に認められるため、自分の存在価値を高めるために、話したり、情報発信をします。でも情報を出しすぎると、プライバシーがなくなってしまう。芸能人はプライバシーを売っているからいいんですけど、普通の人がプライバシーを丸裸にできるデバイスを持ってしまうと、そういうジレンマが出てくるかもしれませんね。

かつては「人間」と「紙」の世界のあいだに境界がありました。

それが「人間」のかなり内側まで境界がきて、メールやSNSは「人間」と「紙」のあいだにある。人間と実世界の境界がなくなってきていて、今は頭の中か外かくらいの違いしかない。唯一プライバシーがあるのは頭の中だけになりつつあるということですね。

だけど、その頭の内側と外側を分ける境界も、もうじきコンピュータがなくしてしまうでしょうね。脳にコンピュータをインプラントして、人と人がつながるということは、やろうと思えばできるところまできています。

問題を深掘りする能力

——さらにあれこれ気をつかわないといけなくなりそうな話ですね……。

気をつかう必要なんかないと思いますけどね。そもそもコミュニケーションが苦手とか、何をしゃべっていいかわからないって、どういうことなんですか？　僕は共通の話題がない人に会ったことがありません。「服がかわいいですね」とか「目が大きいですね」とか、話すことは必ずあるじゃないですか。ようするに身体的特徴は共通の話題なんですよ。

たとえば、若い人がお年寄りに向かって「年寄りは」とか言うと、ケンカを売っているように聞こえるけど、自分のことを言うのは問題ないんです。僕らぐらいの歳になると、ハゲてる人が明らかに多くなります。だからハゲの話はわりと平気でできるんですよ。

僕はミノキシジルとプロペシアという薬を飲んでいます。ミノキシジルっていうのは高血圧の薬で、毛細血管を拡張して血圧を下げます。その副作用で毛を生やしているんですね。だからまず、高血圧にならないといけない（笑）。僕はあるときから高血圧になったんですけど、ミノキシジルの錠剤を飲めば血圧も下がるし、よく眠れるようになりました。そして髪の毛はバンバン生えます。

つまり、ハゲの話といっても、こういう話をするんです。人生経験があれば、話題には困りません。立場を考えて、身体的特徴について話すのがいちばん簡単ですね。その人と何を話そう、なんて思わないで、見たものを話せばいいんじゃないですか。だけど、あまり踏み込むと怒られるので、その機微は見分けないといけないですね。

――機微を見分けて、誰とでもうまく話すこともコミュニケーション能力、ということでしょうか。

表層的な会話をすればいいと言ってるんじゃないですよ。コミュニケーション能力って、話をつくる能力とか、物事の奥深くにある真理を考える能力のことです。

コミュニケーションのトレーニングというと、あいさつの練習とかするじゃないですか。それだけで終わってしまったらだめなんです。あいさつとは何かというと、人と人の心を通じ合わせることですよね。それなら、あいさつ以外にもいろんな方法があるでしょ。そして心って何かと考えると、社会的な要素もあれば、ほかの要素もある。こうやって、ずっと話を深掘りすれば、なんでもしゃべれるんですよ。

表面的な言葉のやりとりの方法を勉強してるだけだったら、うちのロボットでもできます。人間は、真理を深めるとか問題を解決する可能性の話をして、進化することを目的に持ってコミュニケーションできるんですよ。僕がＳＮＳを使うのも、新しい発見があったらそれをみんながどう思うか、どう反応するかを知りたいからです。自分が食べたごはんの写真とか、興味ないですね。

承認欲求とロボット

――日常生活で、問題を深掘りしようと思って話すことは、あまりない気がします。

対話の目的が違うんでしょうね。いかに人によく見せるかとか、人に認めてもらうとか、そうやって承認欲求を満たすことがコミュニケーションの目的になってる人が多いんだと思います。

たとえば、うちの研究員なんですけど、家に帰って奥さんにいろいろと愚痴を聞かされたそうです。それに対して彼がまじめに答えると、めっちゃ怒られたわけです。「あなたにそんなこと聞いてないの!」って。ようするに承認だけをしてほしいんですよ。奥さんはそのために話しているのに、問題を深掘りすると「ほんとの理由なんか聞いてない」となる。

もちろん共感することは大事です。この前、メッセンジャーで三人で議論していたんですけど、テキスト入力に時間がかかるから、コメントがかぶるときがありますよね。で、同時に同じコメントをすることが三回くらい続くと、「ハモってる!」ってなる。自分が言いたかったことを相手も言ってる、そういうつながったかんじとか共感しているかんじは、面白いし気持ちいいですよね。

SNSの「いいねボタン」も、つまり「ハモりボタン」なんだと思います。「これだけ共感してくれてる」っていうのがわかるから嬉しいんですね。だけどそれは、中身を理解してもらうことが目的ではなくて、「私もそう思う」だけでいいわけですよ。だからうちの研究員が家でやるべきことは、奥さんに共感することなんです。

承認欲求を満たすためであれば、そのコミュニケーションの相手は将来、ロボットになる可能性が非常に高いと思っています。研究結果にも表れていて、ロボットでカウンセリングをするほうがいい場合があるんです。高齢者は人間よりロボット相手のほうがたくさん話をするし、騒がしい小学一年生は、ロボットを通して先生の話を聞くと静かになります。だからロボットって、人間の承認欲求を単純に満たすのに向いてるんです。

――ロボットが承認欲求を持つ可能性はありますか？

あるんじゃないでしょうか。将来、たくさんロボットが社会に出てきたときに、人間が優先的にメンテナンスするロボットを決めて、より良いロボットをつくっていくには、価値のあるロボットと価値のないロボットを分ける必要があります。そこでロボットに承認欲求を持たせておくと、一生懸命がんばるでしょう。そうやって間接的に、ロボットにも生き残りゲームをさせるという意味では、承認欲求は重要ですよ。

ロボットにも、「いいねボタン」があればいいですね。そのボタンは人間が押すんです。そうすると、「『いいね』押してね！」って、ロボットが一生懸命サービスをするわけです。その

高血圧の薬な
に塗って、血行を良くして
張させるんだけど、錠剤を飲みやあ
でね。毛細血管を拡張して毛が生えるん
ど、残念ながらそれね、高血圧の薬なん
よね。毛細血管を拡張して血圧を下げる
はね、その副作用で毛を生やしてるので
ずね、病気にならないといけないです。
もとは低血圧だったんだけど、ある
血圧になって、血圧も下がる
なったし。
イイネ！
自我

ときに、何をすれば人間が喜ぶかをロボットは学習するんですね。ロボットが社会のなかで複雑なことをやりだすと、何がいいことで何が悪いことか自分自身で感知してくれたほうがいいですよね。人間も、どのロボットをメンテナンスするかとか、残しておくのかを決めるのに、「いいねボタン」が押された数だけを調べればいい。

今も、フリーのソフトウェアはみんなが高評価をつけると人気になって、それが広告収入に反映されたりするわけじゃないですか。ロボットの「いいねボタン」もその延長線上に考えられると思います。

共感して生きていく

——問題を掘り下げることと、「いいね」だけのやりとり、この二つの間には、ものすごく大きな隔たりがあるように思えます。

相手に自分を認めてもらう、承認してもらうというのは、自分の持っているイメージを相手に押しつけることでもあるんですけど、理想的にはイメージを共有するっていうことですよね。

しゃべりながら共通のイメージをつくり上げるというのが、互いに理解をすることであって、人と人が本当につながってるということだと思います。さっき話したとおり、人間は一人では真理に到達できないから、他者と関わるんです。人と話をして、自分の中のもやもやした不完全な概念を共有して、お互いの整理の仕方を合わせて、イメージをつくっていくっていうことが大事なんです。一人でイメージをつくり上げられない人も、二人だったらつくり上げられる可能性があるわけです。

とにかく言葉を口に出してみるっていうのは有効なんですよ。最初は人の真似でもいいから、言葉をやりとりして、問題に深く入り込んでみると、何か考えるきっかけが得られるものです。

僕は研究の世界で生きているので、暴力的にいきなり答えを出す必要があるんだけど、普通は、二人でちょっとずつちょっとずつ情報交換してイメージを高めていくんです。まあ、僕はたんに面倒くさいからっていうのもあるんですけど。相手の頭の中にイメージを植えつけることができたら、相手はもう承認するしかない。だから、僕はやたらと図を描いてるし、飲み屋でも図を描き始めます（笑）。

一般的には、話すことの意味はそこなんです。ぼんやりした思いや概念を、互いに情報交換しながら積み上げていくこと。そうすると、ひとつのビジュアルが共有できて、「ああ、それが言いたかったんだよね」って、非常に強くつながりを感じられるわけですね。そしてそれは、問題を掘り下げていく、イメージ力で世界を広げていくことにつながっていくと思いますよ。

第4章

現実を解き放つ力

想像する

恋愛、創造、感動、これらはすべて
「想像する」ことであって、
もっとも人間らしい行為である。

僕は「ギャップ萌え」

——先生はモテますか？

自分ではよくわかってないんだけど、この前友達としゃべってたら、僕がモテるって、一人が言い出したんです。「怖いのに優しい」んだって。それはたぶん、「ギャップ萌え」なんです。

僕が共同研究をしている心理学者のある先生は、見るからに顔が丸くて優しそうなんですね。で、僕は見るからに怖いじゃないですか。態度もあまりよくない。それで僕がちょっと学生のことを褒めると、「石黒先生に褒められて、すごい感動した」とか「石黒先生ってい い人だ」って噂になる。ところが、その優しそうな、仏様のように思われてる先生がちょっと怒るだけで、「あの先生って、見かけとは違ってすごくきついこと言うんだよね」って、ネガティブなことしか言われないんですよ。それを卑怯だとかずるいとか、めっちゃ言われます（笑）。

「想像できない」ということは、人間の価値なんですよね。簡単に想像できるんだったら、情報はいらないし、興味をひかない。普段優しい人はそれ以上優しくなりようがないけど、僕はいい意味で人の想像を裏切れるので、たいていプラスに働きます。人の注意をひきつけやすいんですね。

ただ、僕のことを知らない学生からは、鬼みたいに思われてることも多いみたいです。でも話してみたら、それなりにちゃんと話ができるので……その実感、あるでしょ？

――そうですね、正直に言うと、最初は怖かったです（笑）。それは、意識して怖くしたり、優しくしたりしてるわけではないんですよね？

いや、もともと根が優しいんです（笑）。怖くしたり、優しくしたり、そんなの意識して生きてたら面倒くさくてしょうがないですよ。

しゃべり方で怖いと思われてるのかもしれません。嘘をつかずに全部正直に言うので。世の中ではお世辞を言うのがデフォルトだけど、僕は素直だからいっさい言わない。歳をとっても素直だと、怖く感じられるんでしょうね。

恋愛って勘違い

――想像をかき立てられると、それだけで恋に落ちちゃうものですか。

恋愛するというのが、まさに想像ですよね。相手は自分のことを好きだと思ってくれているとか、自分がこの子を好きなんだということを、想像しているんです。本当にその人の中身を理解して「君のことが好きだ」なんて、誰も言っていないと思うんです。だから、恋愛ってたんなる勘違いなんですよね。

つまり、カップルが長続きしないのも当然なんですよ。相手のことを知りすぎると、想像でポジティブに埋めていた部分が裏切られるわけです。そもそも人間って、長続きしないですよ。どんなに仲のいい友達でも、ずっと一緒にいたいなんて人はそういないですよね。恋愛だって同じだと僕は思います。

ただ、恋愛の形が変わってきて、想像の部分はなくなる方向に進んでいるのかもしれないです。今はインターネットで、一般の人のことでも簡単に調べられるし、出会いの手段にもなってますよね。以前は「ネットの情報に騙されないように」って言われたけど、今はそうでもない。SNSは交友関係が表示されるじゃないですか。裏をとりやすくなってるんです。昔は信頼とか想像だけでつながっていた関係が、今はネットをたどれば、ちゃんとデータでつながるので、安心感があるんでしょうね。

僕はプライバシーが全然ないというか、たいていのことが本や記事に書かれてるので、悪いこともできません。ようするに、僕がどこの誰かを疑われることがないでしょ。今はネットで、みんながある意味、有名人のように情報公開をしているわけで、想像する余地がずいぶんとなくなっているんです。SNSの履歴を見れば、本物かどうかってすぐにわかるし、嘘もつけないし、尾ひれもつけられない。

恋愛って、もっと想像で楽しむものだったんじゃないかなと思います。ある意味、騙し合うのが本当の醍醐味だったような気がするんですけどね。

世の中の面白さが減っていく

――技術が発達することで、想像の余地がなくなってきているということでしょうか。

そうですね。人間が新たな想像をする力を持たないと、世の中の面白さは減っていくように思います。

創造するということも難しくなっています。昔だと、ちょっとした機械をつくっただけでも注目を浴びたんですが、今だとかなり高度なものをつくらないと誰も見てくれません。それは創造力が、加速的に増えているからです。もしレオナルド・ダ・ヴィンチが今、生まれたとしたら、何もできないかもしれないですよ。だっていろんなものを発明したけど、世の中をそんなに変えていないでしょ。今だったらイーロン・マスク（テスラ／スペースXのCEO）のほうがすごいことをしたのかもしれない。ロケットをつくって、とてつもない財を生み出していますからね。

創造力が、「ランダムに何かを選択して偶然うまくいったものを見つける」ということなら、そういうシステムはいくらでもあるわけです。適当に絵を描いたりするぐらいなら、今のコンピュータのシステムって相当、創造力があるかもしれませんよ。ピカソ風の絵なんて簡単に描けます。

コンピュータ囲碁プログラムのアルファ碁も、ある意味、創造力があるかもしれないですね。あれはただの強化学習で、すべてのパターンをランダムに試して、うまくいった方法だけ覚えてるわけです。それを囲碁のプロが見ても、どうしてその手を打ったかわからない。

ものすごくクリエイティブに感じられるんですよ。

これだけ世の中にものがそろったなかで、さらに何かを生み出すというのは、とてつもない能力のような気がしますが、それもどうかわかりません。たとえばマイクロソフトみたいな企業は、日本にもあったんですよ。だけど、そのビジネスが広がるタイミングというものがあって、ビル・ゲイツはそのタイミングにうまく乗ることができた人なんですね。もちろん、才能が人よりはあったんだろうとは思いますけど、そのうち誰かがやるだろうことを、そのタイミングでやった、それだけだと僕は思います。

想像なしには生きられない

——そもそも人間はなぜ想像するのでしょうか。

想像するということは、人間がもっとも動物と違っている、人間らしい重要な機能なんです。ものを食べたり、服を着たり、話したりっていうのは現実世界で何かをしてるわけです。想像するというのは、頭の中でのシミュレーションなんですね。人間の場合は、それが多岐にわたっていて、主に自分に対するシミュレーションと、環境やまわりのものに対するシミュレーションなんです。だけど、どちらの情報も十分にあるわけじゃないんですよ。

たとえばそこの床、僕は確認していないですけど、落とし穴があるかもしれない。でも「たぶんそうじゃないだろう」って思いますよね。人間は、足りない情報を都合よく想像するという、非常に強い性質を持っているんです。道を歩くときにもいちいち、一歩前へ踏み出したらそこに地雷があるとか思わないですよね。だから生活のなかにおいて、それを全部ポジティブに想像しているわけです。

もうひとつ大事なのは、自分に関して想像するってことなんですね。たとえば僕が今、手を上げるとします。人間の手には、主な筋肉が二〇本以上あるんですけど、その一本一本がどう動けばいいかは、意識していないじゃないですか。でも手は動くし、「これは私の自分の体だ」って思えますよね。それはもう、想像以外の何物でもないですよ。だから人間は、想像することなしに、現実世界で活動することができないんですね。

それに、たんなる想像だからこそ、簡単に身体って拡張できるんです。義手や義足は慣れてしまえばしっかり自分の体になるし、ロボットを遠隔操作すると、ロボットの体を自分の体だと感じますよ。

何かを創造するということも、「次は、世界はこうなる」というのを、まさに頭の中でシミュレーションしていかなければいけません。実際にものをつくるには、物理世界の制約があるけど、頭の中でつくるなら、たとえば家の上に家をのせるとか、ロボットとロボットを自在にくっつけてみるとか、いろんなものがつくれるわけですね。

僕らはポジティブな現実とか、理想的な関係とか、すごい未来とか、感動的な現実というものを全部、想像の力でつくり出しているんです。そして想像するというのは、食べる、着る、話すというような、現実世界から解き放たれるための手段なんですよ。それは非常に人間らしいし、今のところロボットとのもっとも大きな違いかもしれないと思います。

オリジナリティなんてない

——新しいものを生み出すのが難しい時代に、どうすればオリジナリティを発揮することができますか?

厳密に言うと、もう何もオリジナリティはない気がします。音楽のオリジナリティはもうないかもしれないです。メロディはもう全部、これまでのものを繰り返していますから。小説もストーリー的には、もうオリジナリティはないんじゃないかって言われてますよね。映画だって、流行っているもののパターンは一緒ですよ。

だいたい、オリジナリティについて考える必要があるんですかね。なんでそんなに人と比べないといけないんですか。すべて自分の中に閉じていて、ほかと比較しなければ、オリジナリティなんて気になりません。

僕はオリジナルなかんじがするでしょ(笑)。オリジナルな人というのは、社会と価値観をまったく切り離しているんです。そうすれば、社会を見ていないんだから、必ずオリジナルになります。

明日からパンツ穿くのをやめたらいいんですよ。今、みんなパンツ穿いてるでしょ。脱げばめっちゃオリジナルですよ。


――オリジナルですけど、怒られますよね(笑)。一応、社会で生きていける範囲で……。

世の中の多くの人は、「社会人としてはこれぐらいの生活で、これぐらいのものの考え方で、まず平均化されないといけません。私も、社会人としてのレベルに到達しないとだめです。そのなかで、隣の人と違うってことが大事なんです」と思っているわけですよね。まずオリジナリティをなくすことからスタートして、十分なくしたあとで、ちょっとだけ差をつけるということをオリジナルと言っているんです。もう、わけがわからないですよ。

そんなことを考えていたら、ストレスいっぱい感じそうですね。僕はストレスを感じないんですよ。もちろん思いどおりにならないことはありますよ。でも僕は、社会や他人のことなんかどうでもいいし、自分の疑問に答えることだけがすべてと考えているので、ストレスがないんだと思います。

みんな人のことを気にしすぎて、勝手に理想の何かがあると考えて、そのあいだのギャップで悩み続けているんです。理想は流行みたいなものだから、常に変わりますよ。無意味な理想に近づけないといって悩んでいたら、そりゃあストレスを感じるでしょうね。目標の立て方自体が、ストレスの原因になっているんです。

僕は理想がないんです。だって人間って何かわからないし、世の中のことがほとんどわかっていないのに、理想なんて持てないですよ。それよりも、「人間についてどれだけ深く知ることができたか」とか、「自分のことがどれだけわかったか」のほうがはるかに大事です。

まわりの人が何か言ってきたとしても、それに振り回されないで、なんでそう言うのか、淡々と分析すればいいだけです。そうすれば、学ぶべきところとそうじゃないところが分けられる。情報をたくさん与えてくれるんだから、分析することは楽しいですよ。僕はどんな人が相手でも、分析していいところと悪いところを見つけられるので、人の好き嫌いがないんですよね。

自由で、楽ちん

――世間の価値観に縛られていないから、自由に新しいものが生み出せるんですね。

縛られていないというか、現在の価値観とはまったく関係ないところで何かを見つけようとする人が、世の中を変える可能性を持てるということだと思います。

そういう意味では、今住んでいる大阪は性に合ってるなと思ってます。大阪の人間って、オリジナルなんですよ。東京は地方から多くの人が集まっているので、「江戸で住むには、こういうルールにのっとらないといけません」という、標準人間モデルみたいなのがあるんです。そのうえで、ちょっとオリジナリティを出すっていうのが東京のやり方ですね。

大阪にいるのは地元の人が多いから、「自分の家で好きにして何が悪い」って思ってる人ばかりなんです。街がそのまま、家っぽいんですね。大阪の立ち飲み屋街に行きつけの店があるんですけど、横でおばちゃんがうまそうなものを食べていて、「それ、うまそうやな」って言うたら、「兄ちゃんも食べ」って気軽にシェアしますよ。

声のかけ方も大阪のほうが、僕は好きなんですよ。街を歩いてると、東京だと「あっ、テレビに出てた先生だ」とか言って、まわりがざわざわざわとなって、ゆっくりと近づいてくるかんじなんですね。でも大阪だと、「先生！　がんばってー」とか、知り合いのような声のかけ方をしてくる。「お前誰やねん」って思うけど（笑）、しつこくない。

大阪は笑いも、ベタで大丈夫じゃないですか。笑いがあいさつになってるような習慣は守らないとだめですけど、その分、しょうもないことを言っても全然問題ないんです。でも東京でしょうもないことを言うと、なんか頭の悪い子みたいな……（笑）。だから大阪のほうが、なんとなく僕は気持ちがいいというか、楽ちんなんですよ。東京だと、ここまで自由に振る舞えていないかもしれない。

だから僕は、ロボット研究はやっぱり大阪に地の利があるような気がするんですよね。大阪には自由があるから、ロボットとか新しい文化が入り込みやすいんです。吉本興業と一緒に新喜劇のなんばグランド花月にロボットを出そうとしたり、いろんなことをしてるんだけど、東京ではできなかったかもしれません。アンドロイドをつくった桂米朝師匠も上方ですから。江戸じゃないんですよ。大阪のほうがシャレがきくし、シャレがきくというのは、新しいものを取り入れるのに、ハードルがないということだと思います。

理性と直感、空想

――先生は、どういうときにひらめきが降りてきますか？

僕は人間を研究しているので、ありとあらゆる瞬間、日常の全部がひらめきのもとになります。こうやってしゃべってることもまさにそうだし、ボーッとしてても、どこからでも。なかでもひらめきが降りてきやすいときっていうのは、明確にあります。髪の毛を乾かしてるとき、単純作業をしてるとき、磨いてるとき。ようするに、注意をそらすことが大事なんですよ。ひとつのことだけを考え続けていても、脳はそのことにしか興味がいかないので、ひらめかないんです。脳がある意味休んでいて、どんなつなぎ方でもできるような状況をつくるというのが大事ですね。

僕は髪が多いので、なかなか乾かないんですよ。風呂場は熱いし、早く乾かへんかなと思って一生懸命やるんです。そのときにいろんなことが考えられるんですね。大事なのは注意を分散して、ニュートラルな状態にして、頭の中のいろんな現象がつながりやすくすることなんです。

新しいことをするときは、根拠なくやらなきゃいけないので、理屈ではできないんですよ。だから、ひらめき、直感はもちろん大事です。だけど直感を言語化したり、直感に理論を見つけるのには、理性が必要なんです。

直感だけだと形にならないし、理性だけだと何も生まれません。だから創造するためには、直感と理性はどっちも大事なんです。たとえば、もやっとしたイメージが浮かんだ瞬間に、それを黒板に書きおろして構造を見つける。そうやって直感を理性で説明できた瞬間は、超気持ちいいですね。

――瞬時に直感的にひらめくほかに、空想や妄想からアイディアが生まれることもありますよね。

妄想までいくと、もうボケちゃってるというか、理屈もへったくれもない世界ですね。でも妄想があるから空想が生まれて、空想があるから想像が生まれると思うんです。空想と技術をつなぐのは想像力だったりするし、空想をさらにもっと広い世界に広げていくのが妄想だったりするのかもしれません。それで空想ぐらいがちょうどよくて、空想がないとそれを実現する技術を思いつかないし、技術で世の中が進まないと新しい空想はつくられないんですね。だから技術と空想が、独立してちゃんと両輪になってないといけないと思うんですよ。技術と空想は両方ないといけないんですが、混ぜると疑似科学になってしまいます。たとえば、STAP細胞なんてそうですよ。空想に支えられて研究を始めたのはよかったんだけれど、その空想を実現するために、論文の審査さえ通ればいいということで、技術を適当な理由に使って、嘘をついちゃったわけです。そういう意味では、技術と空想は「混ぜるな危険」ですね。

ロボットの意図と欲求

――ロボットは将来、想像力を持つようになりますか？

先ほど話したとおり、想像することは、すごく人間らしい部分で、今のところロボットとのもっとも大きな違いなのかもしれないと考えています。

たとえば、星空とか夕日とか、初めて見たときからきれいで、誰もが無条件に感動するも

のってありますよね。それを連想させるものも、やっぱりきれいだと思うんですよ。ゴールドコーストの洞窟にグロウワームっていう発光する虫が棲んでいて、むちゃくちゃきれいなんです。洞窟にびっしりいて、ネオンライトみたいに光って、満天の星空以上の……なんていうのかな、急に目の前に天の川が落ちてきたようなかんじになるんですよね。あれは見たほうがいいです。感動しますよ。あの美しさは世界一じゃないかな。

でも、なんで夕日や星空を見て感動するのか、それがいちばんわからないことなんですよ。どうやって再現すればいいのかはまだわからない。恋愛も、肉体的な部分はロボットで簡単に解決できるんですけど、本当の意味で、ロボットが人に恋い焦がれるなんていうことを、どうつくればいいのかはまだわかっていません。恋愛だけじゃなくて、信頼関係を築くとかも。でもそういうことが人間社会を人間社会たらしめていることは、間違いないと思います。

——今はわからないけれど、いずれは再現できますか?

できますね。今は、ロボットに意図や欲求を持たせるということで、それを実現しようとしています。自分のなかに意図や欲求があれば、相手の行動から「この人は何をしたいのか」って想像する。それに寄りそうように動くと、意図や欲求を共有できるので、もっと人間と親和性の高いものになる。

たとえば、お掃除ロボットのルンバってあるじゃないですか。ルンバは「ごみを食べたい」という欲求を持っていて、部屋を一生懸命かけずり回ってごみを集めて喜んでるわけですね。だけど、実際は人と関わることが目的じゃないので、その喜び、つまり感情を見せる機能は全部省略されているんです。人間との関わりにおいて、意図や欲求を、感情という形にして見せることはすごく大事なんです。掃除と違って対話というのは、共感し合うことだったり、情報を共有したりすることなので。

今でも、ロボットが笑うのは当然だし、悲しそうな顔をすることはできます。人がちゃんと理解できる言葉でしゃべってくれないと、だんだん悲しくなっちゃうとかね（笑）。最初は悲しくなって、それでも直してくれなかったらもう、怒り出すんですよ。欲求を満たすことが、やっぱり人間の生きる目的だし、欲求があるから、それを満たせるか満たせないかで不機嫌になったり喜んだりするわけで、ロボットだって同じようになると思います。

恋愛も、部分的に意図と欲求を共有することだと思うんです。だからたとえば、意図と欲求が一〇〇個ずつあったとして、ごはん食べたいとか、一緒に旅行に行きたいとか、二〇個共通のものがある状態にする。それが恋愛だとすると、再現できます。ただ、恋愛モードっていうのをつくっておく必要があります。つまり、あえて「相手の意図や欲求を理解できたら、それを満たしてやるように行動する」ってやると、惚れやすいロボットができるわけですよ。

だから、最近よく言ってるんだけど、ロボットが動くようになったら、あとは意図と欲求さえあれば、十分な気がしてます。意識的にもなるし、感情的にもなるし、恋愛もできるし。それをつくってこなかっただけのような気がしてしょうがないんです。

ただ、欲求は埋め込まれているものでいいと思うんだけど、意図は自動的に発生しないといけないんです。意図は欲求を満たすためのもので、たとえば、お腹が減ったときに、「コンビニ行きたい」とか「パン買いたい」っていうのは意図なんです。欲求を満たすための中間目標みたいなものなんですよ。それが自動的につくられないといけないんですけど、そこが実現できていない。難しいんですよね。

満たされることはない

——恋愛感情を再現できるだけでも、すごいことだと思います。

僕は「人間とは何か」を追究しているので、人間についてわかったと思うところまでいかないと、気持ちよくならない。なんとなくいい、ではだめなんですよ。ゴールに到達していないので、気に入らないから、研究を続けているわけです。人間っぽいというだけでも評価はされるんだけど、それでは満足しないので。だから、これまでつくったものに未練も持たないです。全部捨ててもかまわない。

そうやって好き勝手やってるから、まわりからは「小学生みたい」ってよく言われます。同世代の研究者には「自由でいいよね」とか。でも、さっきも言いましたけど、社会とかどうでもいいねん、と思ってます。

まあ、僕も今のこの立場にいなかったら、どれほどのことが言えるか（笑）。でもやっぱり言えたような気もするんですけどね。好き勝手にずーっとやってきたんで。そうじゃない自分は想像できないんですよね。社会には絶対出られないと思ってました。人の言うことなんか聞けないし、「あれやりなさい」って言われるのが絶対だめなので。

そもそも僕は、自分を少し引いた場所から観察しているような感覚があるんです。だから、目の前にいる自分の体を見て「これをなんとかしないと」とかはあんまり思わないんですよね。もちろん、太らないようにするとか、健康に気をつけるとかは多少あるんですけど。体力がなくなるのは嫌だし、腰が痛くなるのも嫌なんで。でもね、そんなにこの体をなんとかしようとは思ってない。精神と体が分離してるかもね。アンドロイドをつくってるせい……職業病なのかな（笑）。

いずれにしても、自分の追究したいことにすぐには近づけなくても、試行錯誤していれば、何かわかるわけじゃないですか。できないことを悔やむんじゃなくて、想像力を持って、努力をしている自分を好きになればいい。そこに価値を見出すべきですよね。

第5章

進化する私と社会

働く

「働く」とは、社会での役割を持って
生きることであり、社会とともに
変化するものである。

四〇種類のアルバイト

——先生が研究者になろうと決めたのは、いつですか?

僕は絵描きになろうと思ってたんですよ。高校生のころは絵ばっかり描いていました。だから、将来働く気はあんまりなくて。でも、本当に絵で食べていける自信はなかったので、当時流行り始めたコンピュータの勉強をしておけば、まあ食いっぱぐれることはないだろうって考えて、大学を選びました。つまり、予備の人生のキャリアのようなかんじで、コンピュータを勉強してましたね。

大学に入ってからも、二年生ぐらいまでは絵しか描いてなくて、仲間と展覧会をやったり、絵を売ったりしてました。だけどなんとなくわかるわけですよね、絵で食べていけるかどうかっていうのが。だから、そのころアルバイトを四〇種類ぐらいやったんです。ようするに、絵を描くこと以外で何が自分にできるのか、何がやりたいのか探していたんですね。

まずはレストランのコックをやりました。それから面白かったのは、塾の講師。ただ教えるというより、僕が責任者になって、運営もほぼやっていたんです。

子どもが塾に来るとまず、今日は遊びたいか勉強したいか選ばせます。遊びたい子は、子どもと遊ぶのがうまい教育学部の友達が相手をして、二時間遊んで終わり。勉強したい子は、僕が面倒をみていました。小学校や中学校の試験なんてパターンを覚えればいいので、徹底してトレーニングすれば、それなりの点数がとれるんですよ。

この方法は、子どもにとってはめっちゃ効率がいいわけです。勉強したいときだけ勉強すればよくて、そうじゃないときは遊んで帰れるから。家では勉強しない子どもが塾に行きたがるし、成績はそれなりだし、保護者からは「いったいどうなってるんだ」って驚かれたことがあります。

最低だったのは、教材のセールスマン。絶対無理って思いました。当時乗っていたアメリカンなバイクで、革ジャンを着てセールスに行ったら、家にも入れてもらえず（笑）、一週間も続きませんでした。でも、仕事のために見た目を変える気はさらさらなかったですね。

あと、パチンコで二か月ぐらい生活したこともあります。パチプロですね。月に二〇万円は稼いでました。麻雀も強かったんで、ギャンブラーで生きていくのもいいかなあと（笑）。

ほかには、絵画教室、プログラミング、ぶどうの収穫、交通量調査、家庭教師……それから、富士山の山小屋で住み込みのアルバイトもしました。一日四時間ぐらいしか仕事がないので、あとはずっと本を読んでました。雲の上で本を読む生活は、なかなかよかったですね。

研究がいちばん面白い

――それだけ多くのことを経験されたうえで、研究の道を選んだんですね。

コックも塾も面白かったんですけど、やっぱり研究がいちばん面白いんですよ。いろんなことをやっても、研究の面白さに勝てるものはないし、研究って絵で食べていくのと同じような側面があるんです。絵を描くというのは、自分の内面、自分の中の人間らしさをキャンバスの上に表現することで、ロボット研究も、ロボットの上に人間らしさを表現する。つまり、キャンバスとロボットって似たようなものなんです。だから研究をやろう、と。

そう決めてから、四年生のときはもう大学に住み込んでました。それまで勉強してなかったから、全部やり直さないといけなかったんです。大学院に進んでからも、研究室を勝手に改装して、こたつ入れて、寝ながらでも勉強できるように僕のところだけ掘りごたつみたいにして。ずーっと、ほぼ住んでる状態でしたね。

だから、プログラムをいっぱい書く時間があったんです。アセンブラっていう、直接コン

ピュータに指示を送れる原始的なプログラミング言語があって、あんまり書ける人はいないんですけど、僕はそれができたので、数万行のプログラムを書いてました。当時研究が始まったばかりの、車の自動運転のプログラムを全部アセンブラで書いたら、めちゃくちゃのろかったのがヒューッて動くようになって。研究室のほかの誰も読めなくて、なんでそれが動いてるのかわからないぐらいのものなんですけど、人が書いたものより一〇倍、二〇倍速いんですよ。それから、プログラムに自信がついたというか、この世界で生きていけるかなと思いました。

社会のなかで役割を果たす

――そこからずっと、研究を仕事にされているわけですが……。

僕は仕事っていう感覚がないんです。「生きる」という感覚はあります。なんで自分は生きないといけないのかとか、生きるために人間とは何かを知りたいとか、そういうのはあるんですけど、そのために仕事をしているという感覚はないんです。やりたいことをやっているだけなので。そもそも僕は人の言うことは聞けないし、理不尽なことを言われても従わないので、普通の会社で働くことはできないと思っていました。

たぶん、世の中の多くの人は、「働く」といえば、嫌な仕事を我慢してやって、その分お金をもらうもの、なんですよね。そして、休暇をとる。なんで休暇をとらないといけないんですかね。仕事が楽しかったらいらないでしょ。休暇で気分転換しないといけないような仕事なんか、しないほうがいいんです。

疲れて体を休めたいなら、寝ればいいんですよ。僕は、睡眠時間は四時間半か六時間ぐらいです。一・五時間単位で目が覚めるので、それを三回か四回。僕みたいに、海外を飛び回って時差がぐちゃぐちゃになっている人間は、睡眠のレム期がなくなるみたいです。脳みそを使ってなかったら、そんなに長くは寝ないですけどね。あと眠くなっても、一〇分か一五分寝れば復活します。

欧米の人たちは、元気なときに稼げるだけ稼いで、あとはリタイアするのが目標でしょ。お金を稼いで支配階級にのし上がったら、人をお金で使って生活すればいい、と思ってるのかもしれない。そんなの、人間として生きてるかんじがしないんですよ。かつての奴隷社会や階級社会の名残りのような気がします。休暇とかリタイアとかって、貨幣経済がつくりあげた弊害みたいなものだと僕は思います。

仕事というものは本来、社会のなかの役割だと思うんですよね。お金を稼ぐことじゃないし、人を支配するための手段でもない。本当の意味で「働く」というのは、社会での役割を果たすことで、その役割に自分の人生が重なるっていうのが、もっとも重要なことなんです。

今やりたいことをやるだけ

——先生は、これからも研究を続けたいですか?

そうですね。年をとっても最後まで、役割を果たすものだと思ってます、生きているかぎりはね。それが人間としての生き方ですよね。それに、やりたいことはまだまだ山盛りあるし、ありすぎて困っちゃうぐらいなので。

ただ、年をとったときには謙虚にならないといけないです。年をとると社会的地位が上がって権力がついてきます。でも権力とその人の能力は別のものです。能力は衰えているのに、権力ばかり行使するようになったら最低なので、そこのバランスが崩れないように、図々しく生きてちゃだめだろうなと思います。

そういう意味で、あんまり年をとりたくないんですよね。今の能力のままでいたい。僕は人間の本当のアイデンティティは脳の中身にしかなくて、それ以外はすべて飾りだと考えています。正直、物理世界には何の価値もないと思っていて、全部捨てても問題ないですけど、唯一捨てられないのは脳の中身です。精神的に衰えることはすごく怖いですよね。それはようするに、自分の価値がそのまま下がるようなものなので。

でもまだ僕は、自分が年をとっているような気がしません（笑）。やりたいことは今からいくらでもできると思うし、その時点その時点で、目いっぱい楽しんで生きてるつもりなので、今の人生がすべてだと思っています。

だから過去を振り返ることに、何の価値も感じません。後悔もしたことがないんですよ。自分で責任をとれる範囲でやったことに関しては、次に同じ失敗をしたらだめだから反省はすべきですけど、次はこうしようって反省して、それで終わり。だって、そのときは自分の最大のパフォーマンスだと思ってやっているわけだから、失敗したことも含めて、それは自分の能力なんですよ。だから後悔はする必要がないんです。

死んだあとのこととか、あまり先のことを心配するのも意味がない。たとえば僕は、自分の遺伝子を後世に伝えたいという強い欲求はありません。自分の子どもに老後の面倒を見てもらおうとも思わないし、年老いたらそこらへんで野垂れ死んでもいいくらいです。子どもは自分の人生を歩んでいってくれればいい。少なくとも、自分の遺伝子を残して、自分ができなかったことをやらせたいなんて思いません。残りの人生で自分が何をするかのほうがはるかに重要で、余計な時間なんか使ってられないぞって思いますね。

大人になりたくない

——自分が生み出した成果、技術や知識が受け継がれていくことについては、どう考えていますか？

研究者というのは、自分が一代で、思い切り何かを追究できればいいんです。自分と似たような系統の遺伝子が同じことを繰り返して大きな進歩があるとは思わない。また別の人、全然違う遺伝子が新しいチャレンジをするのがいいんだろうなと。まあ僕がいなくなっても、誰かが研究を引き継いでいくような気がします。僕たちが始めた研究分野は、それなりの規模になってきたので、それでいいのかなと思っています。

さっき「年をとってるような気がしない」って言ったけど、そもそも研究者って子どもじゃないとだめなんです。たとえば人の心について考えるとき、「心ってみんな持っているものでしょ。大事なものでしょ」って適当なことを言うのが大人です。わかっていない問題に適当に折り合いをつけて、わかったふうなことを言うのが大人ですよ。反対に、わからないことを「わからない」とずっと言い続けるのが子どもで、研究者はそうやってずっと考え続けられるかどうかが大事なんですね。そういう意味でも僕は年をとってないし、大人じゃない。大人になんかなりたくないです。

基本問題を考える

——自分の人生を賭けられる、社会での役割を見つけ、実際にそれをやって生きていけるというのは理想的ですが、すごく難しいことではないでしょうか。

そう感じるのは、興味の幅が狭いからですよ。基本問題、深くて難しい問題に関心を持てば、興味の幅は広がります。僕の場合だったら、「人とは何か」という問題を追究していて、ありとあらゆる仕事は人につながるわけだから、なんでもできます。本当に興味があれば、どんどん深く考えていけるものですよ。そうして、自分の可能性をちゃんと自発的な興味でつかめるようになれば、いやいや働くなんてことにはなりません。

教育というのは、興味の幅を広げるためにあるものなので、まだやりたいことはわからないけど、とりあえず大学に進学するというのも、別に問題ないんですよ。自分が何をやりたいかという前に、まずはどうして自分は生きているのかとか、自分は何者かというのを考えてみる。いきなり都合のいい目標だけ欲しいというのは意味がなくて、根本的に考えるところから始めてみると、意外に答えが見つかるものだと思うんですよね。

だから、教養科目って重要なんです。哲学とか。そういういちばん大事なところをすっとばして、専門性の高いマシンのように働くためのスキルを身につけようとするから、つぶしがきかなくなる。働くマシンとしての自分に悩みが出てきたときに、どうしようもなくなっちゃうわけですよ。専門教育なんて後づけでいいんです。自分の存在とは何かとか、働くとは何かっていう哲学的な問題がちゃんと考えられていれば、仕事のことで思い悩んで逃げ場がなくなることもないですよ。

圧倒的な実行力

――そうやってやりたいことが見つかったときに、それを叶えるためには何が必要でしょうか。

まずは、自分の能力を客観的に見極めることですね。客観的に見て、今自分がどのあたりの位置にいるのかをちゃんと意識する。そのうえで、確実に成果を積み上げることが必要です。成功の道ってどの分野にもあるじゃないですか。それを確実に踏んでいかないとだめです。

「そのやり方をしてもだめなのはわかってるのに、なんでやってるの？」って人、いますよね。その人は「私なりの努力をしてる」って言うんですけど、「私なりの努力」でなんとかなるんだったら、全員が偉くなっちゃいますよ。「私なり」じゃない、成功の道に続く努力をやれるかどうかが大事です。

それを見極めたうえで、あとは、圧倒的な実行力をどうやって持てるかですね。僕はしつこいし、極端なくらい負けず嫌いなんです。自分にも負けたくないし、まわりにも負けたくない。決めたことは絶対に勝たないと嫌なんですよ。

研究者になりたいなら、徹底して論文を書くとか、国際会議で発表するとか、僕はそういうことは一個一個、確実にやりました。めっちゃ地道ですよ。だから、論文の数が一般的な教授の三倍くらいあります。助教授として京大にいったころには、もう論文書きすぎだから、書くなって言われてました（笑）。

それに、僕ははっきり言って小心者です。たとえば研究発表をするとき、準備は徹底してやります。すべてを疑って最大限の努力をして、発表に臨むんです。中身を十分準備したら、あとは準備した自分を信じればいいんですよ。中身のないことを水増しする方法はないということですね。

努力を評価しない

——先生は「天才」と言われることが多いので、「努力」という言葉とは縁遠いように思っていました。

能力を上げるために努力するのは、当たり前のことじゃないですか。だから、たんに努力することに価値があるとは思いませんよ。結果がなかったら〇点です。「努力してます」なんて嘘はいくらでもつけるわけで、社会においては結果が出なかったら意味がない。

今、日本人は働きすぎだから労働時間を減らしていこうという流れがありますけど、働きたい人、努力したい人はやったらいいと僕は思うんです。ようするにあれは、嫌な仕事をしてるから、無理矢理やらされてるから、だめなんですよね。そうじゃなくて、やりたいことをできるように、努力して能力を上げればいい。仕事を自分の人生だと思ってやっていれば、残業が多い少ないなんて関係なくなります。

日本の社会って、みんながそれなりに努力、能力が認められて、社会の一員として貢献できてきた社会なんだと思います。みんながちゃんと教育を受けられるから、能力も底上げできるし、会社に入れば、終身雇用制で、給料に極端に差をつけない代わりに、能力がない人も会社でトレーニングして、能力を引き上げてきたんですね。

結果も出せないのに、残業したくない、早く帰りたい、でも給料はほしいっていう話になってしまうと、じゃあ給料に格差をつけて、能力に応じた額しか払いませんということになりますよね。僕は、そういう短絡的なつまらない社会ではなく、努力を認めて、将来性も評価する、その代わりに能力を上げる努力をみんなしてくださいという、助け合いの社会であるべきだと考えています。

僕が顧問をしているヴイストンという会社は、残業がすごく少ないんですよ。残業をするぐらいだったら、家で好きなことをしたり、好きなロボットをつくったりしたほうがいいという方針なんです。そうしたほうが、発想力が豊かになって、メインの製品のクオリティも上がるんです。だから、みんないろんなコンテストに行ったり、スマホアプリで稼いだりしてます。そういうのが、目標を持った、正しい残業ゼロの意味だと思います。

社会終身雇用制

——技術が発達するにつれて、能力差が一層広がって、個人の努力では追いつけないところも出てくると思いますが……。

技術が発達して、今はすごい量の情報があふれてますから、人間のキャパシティが追いついていないのかもしれないですよね。昔はインターネットもＡＩもなかったし、情報も限られていて、道具も簡単に使えたけど、世の中がどんどん複雑になって、いろんなことを勉強しないといけなくなった。だから、教育期間は必然的に延びていくと思います。

でも、日本はまだ差が少ないほうだと思いますよ。さっき言ったとおり、教育で底上げができているから。海外で、貧しい人が教育を受けられないようなところは、どんどん格差が大きくなるでしょうね。でも、これからは教育じゃなくて、脳を手術してチップを埋めること、つまりロボット化することで、この差は一気に縮まるかもしれません。

一方で、日本の終身雇用制は崩れつつありますけど、僕はそれはかまわないと思います。日本の会社はもっと働く人の流動性を上げたほうがいい。進化の原理は多様性です。多様性がなければ変化に対応できないですから、組織は簡単につぶれてしまいますよ。

たとえばアメリカには終身雇用はないけど、キャリアがあれば問題がない労働環境になってますよね。スキルがあれば必ず就職できるので、有能な人はクビになることを心配していません。その反面、会社で教育される機会がないので、スキルのある人とない人で、どんどん格差は広がって二極化していくわけです。

日本で終身雇用制がなくなるのであれば、会社でやっていたスキルを身につけるための教育を、社会全体でやればいいんですよ。職業訓練のような、転職するときに社会のなかで人をトレーニングするような仕組みをちゃんとつくればいい。会社終身雇用から社会終身雇用にするわけです。社会終身雇用制になれば、二極化がそれなりに抑えられて、安定した社会が続くと思います。

人間社会の進化

――社会全体で、個人の生活を支える、ということでしょうか。

そうですね。家族の形にもそういう変化が起きてますよ。以前は大家族だったのが、核家族に変わりましたよね。これからさらに核家族から、結婚のない社会に移行していくでしょう。オランダとかデンマークで、すでにそういう変化が起こってますね。一緒に住んだりする相手のことをパートナーと呼んで、結婚という概念がなくなってきているんです。会社終身雇用が社会終身雇用になるのと同じで、核家族が崩壊して社会家族化する。それが正しい人間社会の進化でしょう。

生活を保障する単位が小さいと、貧乏人と金持ちに分かれるし、システムとして壊れやすくなるわけです。頼る相手が家族しかいないと、ある家が火事で焼けたとしたら、そこに住んでいた人はすべてを失ってしまいます。今だと消防車が来てくれるし、病人が出たら病院に行けばいい。これからさらに社会全体で、個人の生活を保障する方向に進むんだと思います。

社会の進化は、人間型とボノボ型があって、ボノボって最初から社会保障があるんですよ。ボノボというのは類人猿で、群れのほとんどに血のつながりがあるんです。人間は一夫一妻で、文化を築いてきたじゃないですか。ボノボは乱婚で、複数の相手とセックスをするので、子どもが誰の子かわからないんです。だから社会全体で子どもの面倒をみているんですよ。そういう意味では、すごく進化しているんですよね。

一方で人間は、助け合ったり子育てをするのは家族単位なんですね。だけどボノボより人間のほうが進化していますよね。ボノボは社会性が強すぎて競争があまりない。社会保障を最初から充実させすぎたのがボノボなんですよ。一方、人間のほうは個人の競争が激しくて、より進化することができたんです。これから人間がさらに進化しようとすると、社会保障を増やして、ボノボ型の社会に近づいていくんだと思います。

ロボットと助け合い

——社会保障を充実させるために、ロボットの活躍する場も広がるでしょうか？

すでに高齢者の介護施設で、職員の数が足りなくなっています。しかも高齢者の数はさらに増えるので、施設の数もサービスも、もっと充実させないといけない。そういったところにロボットを使うことは必然ですね。ロボットで公共サービスを充実させることができると考えています。

それから、さっきも言ったように、社会に多様性を持たせることは、僕はすごく重要だと思ってます。ただその分、社会が複雑になってきて、外国人とかいろんな人が住むようになると、社会的なルールは必然的に増えます。そういったものはロボットが教えるといいし、社会的マナーを向上させるのに使えます。

マナーを守っていない人を注意したりする用途には、ロボットが向いてるんです。たとえば日本のマナーに慣れていない外国人が、駅のホームでちゃんと並んでいないとき、日本人に注意されると、人種差別だと思うかもしれません。だけどロボットが「ちゃんと並んでくださいね」って言えば、「外国人だから注意している」とは思わないですよね。

でも、マナーをガチガチに守って、機械のようにしか動けないのは、嫌なかんじがしますよね。少し前の田舎では、道端で困っていると、誰かが必ず助けてくれていました。逆に怪しい人を見つけたら「あいつ誰や」っていう噂が広まって、高度に安全な社会がつくられていたんです。それはみんなが情報を共有して、互いに相手がどういう状態なのか推察できるような環境にあったからです。

これからはＩＴやロボット技術を使うことで、都会の人のあいだでも緩いつながり、もうちょっとみんなが知り合い同士みたいにできるんじゃないですかね。たとえば、電車の中で、足が痛くて杖をついている人がいるという情報が共有できれば、席を譲るのにも抵抗がなくなりますよね。誰もが素直に助け合えるような、思いやりの飛び交う豊かな社会にできるかもしれません。


――技術の発達によって、より思いやりのある社会が実現するというのは面白いですね。

そもそも日本は、ロボットが普及しやすい社会だと思います。日本には階級がなくて、欧米に比べれば、ある意味みんな家族のようなものです。だから人間のあいだで区別しないんですよ。それに日本には、万物に魂が宿るという考え方がありますよね。だからロボットにも魂が宿ると感じるし、そのロボットが意識を持って一緒に暮らしても受け入れられる。人と人を区別する考えもなければ、人とものの区別もないんですね。

日本にはそういった、ロボットを受け入れる下地があるし、その必要性も出てきています。これから少子高齢化が進んで、とにかく人が足りなくなるので、ちゃんとしたサービスを提供するためにロボットが必要不可欠になるんです。

人間らしい文化的な社会

――ロボットが普及した社会で、人間の社会での役割はどう変わっていくでしょうか。

もっとコミュニケーションが重要になって、人間の存在を問うような問題を考えるとか、カウンセリングをするとか、そういう対話を通して成り立つ部分が人間の役割になると思います。

今まで人間は、動物的な部分が多かったんですよ。ごはんを食べるとか服を着るというのは、どちらかというと人間らしい行為じゃないと思います。動物的な部分とか単純な部分がロボットに置き換えられて、もっと人間でしか考えられないこととか、人間らしいことって何かっていうことを気にするようになるわけですね。

明らかに文化は豊かになってますよね。昔、食うに精一杯のころには、絵を見たり音楽を聴いたりするなんて悠長なことはやっていられませんでした。今は明らかに、そういう文化的な活動をするのが当たり前になってます。

成熟したヨーロッパの社会では、一般の人が参加できる、人間に関するカンファレンスってどんどん増えているんです。僕もよく呼ばれます。博物館や美術館も、ヨーロッパではいたるところにあるし、日本でも確実に増えてます。経済的に成功した人が最終的に何をやっているかというと、絵を集めたりして、文化にお金を使うんですね。結局人間は、文化に興味を持つんですよ。

つまり人は、人についてちゃんと考えようとしてるし、科学や芸術に興味を持っていろんな議論をしていくことに、かなり強い興味と喜びを感じているんです。そういう文化的な知識を扱う職業、キュレーターなども増えてますよね。そんなふうに、より人間らしく生きる、働くという部分がますます増えていくと思います。それが人間が大きな脳を持っていることの意味、人間が生きている意味なんでしょうね。

第6章

機械と人の影

信じる

「信じる」ことが、人間社会を
形づくっていて、隣り合うもの同士が
ともに生きることを可能にする。

パートナーとしてのペット

――先生は犬と猫を飼われているそうですが、ペットも家族の一員と考えていますか？

それはもちろん。どちらも可愛いです。ただ、猫のほうが天才的だと思います。猫は何もしなくても最初から賢いですね。犬みたいにごはんを食べすぎたりしないし、なんか可愛らしい顔をして額をすり寄せてきたり。犬のほうが賢いんだろうけど、トレーニングしないとだめですよね。ごはんをあげなかったらギャンギャン鳴いたり、けっこう手間がかかります。犬はもともと狼ですよね。それが人間と暮らすようになって、遺伝子がどんどん改良されているんです。猫は遺伝子が変化していない。ペット用につくられていないんですよ。それでも自然の状態で、人間と一緒に生活しているんです。人の言うことを聞かないけど、人にこびたような仕草をする。これは遺伝なんですよ。

だから猫って、人間と一緒に生活するように生まれてきた動物といっても過言じゃない。生活をともにする動物として猫は完璧ですね。猫っていうのは、人間を猫だと思っているという説もあります。臭いをつけてきたりして、人間を仲間だと思ってちゃんと生活できるようになっているんです。動物的にも人間と同期して進化してきてる。猫は生まれながらにして人間のパートナーですね。犬はつくられたパートナーで、そういう意味ではロボット的なんです。

意識と責任

――ロボットも、人間のパートナーになりうるでしょうか。

ロボットは、人間よりも信用できますよ。嘘をつかないし、守ってくれます。たとえば家に泥棒が入ってきたとき、パートナーが人間だと、命の危険を感じたら逃げるかもしれないけど、ロボットなら刃物が降りかかってきても捨て身で人を守れるんですね。

それに、もし泥棒を過剰防衛で殺してしまったとしたら、人間は殺人罪に問われるかもしれないし、人間同士だったら、「あの子がやれって言ったんです」とか、罪の押しつけ合いになることもありますよね。でも、パートナーがロボットだったら、そんなことにはなりません。人をおとしめるようなことをロボットは言いませんから。近くにロボットがいれば、「ロボット、守って!」って言えばいいだけです。それでロボットが守ってくれて、もし泥棒を殺してしまっても、「警備ロボットに判断を任せました」と言えます。

そういう存在がいてくれるだけで、すごく安心でしょ。物理的にも精神的にも守ってくれる立場にあるのが人工知能とかロボットなんですよ。だから、ロボットが社会にたくさんいるということは、信じられる相手がすぐ横にいるってことですね。

——ロボットに責任を押しつけることができる、ということですか?

いや、身勝手に責任をなすりつければいいという話ではなくて、過剰防衛の例のように、人間が責任を負うことが微妙な問題のときに、意味を持つと思うんですよ。

殺人を犯したとき、社会的には意識、「人を殺すことを意識していたかどうか」が問われるんです。「意識」って、科学的にはよくわかっていないもの、証明されていないものなんです。だけど、その意識の有無が責任問題になるんですね。

だから、その意識がロボット側にあると言えたら、責任を回避できる場面というのがあるんです。わかりやすい例は、アメリカのロボットの研究で、できるだけ人が直接戦争に関わることを避けて、ロボットで代行しようとしています。それは、むりやり戦争に関わらさせられる人のPTSD(心的外傷後ストレス障害)をなくすためなんです。むろん、戦争そのものはよくないことなんですけど。

車の自動運転にも、同じことが言えます。人が事故を起こしてしまったら、情状酌量の余地があっても、それなりの罪に問われます。今まではその責任を人間が全部、負っていましたよね。でも完全な自動運転だったら、人間の責任はゼロになる可能性があるわけですよ。人間はいっさい意思決定していないし、運転もしてないわけだから。そうできれば、人間の精神的負担を減らすことができる。だから、僕は自動車に「意識」のON／OFFボタンを付けるべきだと思ってます。

そういう問題を機械が担える世界っていうのは、すごく重要なんです。ようするに、人間ではどう判断しても答えが出ない問題を、機械に判断をゆだねて精神的負担を軽減する。それが自律した機械のひとつの使い方だと思うし、そういうところでロボットが役に立つはずですよ。

裏切られても傷つかない

――ロボットがパートナーになれるとすると、これからはパートナーを買ってくる時代になるんでしょうか。
「買ってくる」って、そんな人身売買のような言い方はだめですよ。もうちょっと適切な表現が要りますね。「ヘルプに来ていただく」とか（笑）、「働きに来てもらう」とか。人間と同じように言ったほうがいいかもしれないですね。家族として受け入れるということですから。

第5章で結婚しない人が増えているという話が出ましたけど、これからはロボットと暮らすという選択肢も出てくるということですね。ロボットは人間と違って責任を押しつけたりしないし、嘘もつかない。いつ裏切られるかわからないと思いながら人間と一緒に暮らすよりも、絶対的に信頼できるロボットと暮らしたほうがいいかもしれませんよ（笑）。

——人間が裏切るものであることが前提になっているように聞こえますが……（笑）。

ロボットは裏切らないけど、人間は裏切ります（笑）。でも僕は、裏切られたと感じることはほとんどないですね。裏切られたこと自体はあるんですけど、あまり人に対して腹が立たないんですよ。
「ああ、この人はこういうふうに考える人だな」とか「かわいそうな人だな」と思うのと、

「裏切られた」と思って傷つくのと、どちらが建設的かということです。裏切られたと思って腹を立てるより、その人をさらに深く理解したと考えたほうが、次の機会にいい関係がつくれるかもしれません。ネガティブな感情を持って関係を断ち切るより、裏切られたことを一秒後には忘れたほうがいいですよ。

もちろん犯罪レベルの裏切りはだめです。付き合うと危険だと感じる人は一発で切ります。相手を信じるかどうかの判断は、経験に基づく直感によりますね。怪しいやつは明らかに、顔に怪しいって書いてあります（笑）。言ってることもおかしいですよ。たとえば、僕のところに共同研究の話があって、だいたいは大きな会社だから簡単に裏もとれるんですけど、たまに「いったいお前誰やねん」と言いたくなる人が来るわけですよ。大企業に絡んでいるような名刺を持ってくるんですけど、実際は全然違うとか。ほかにも、僕と一回しゃべっただけで「石黒先生と共同研究してます」って言うような人とかね。僕はそれなりにいろんな人に会っているので、だいたい見抜けますね。

悪いことばっかりじゃなくて、面白い人を見抜くのも得意ですよ。僕の本を担当した編集者なんですけど、なんか面白いやつだなーと思ってたら、その本が出来上がる前に、自分の本を出版するって言い出して（笑）。逆に、僕がその出版の相談にのったりしましたね。

信じるものは自分

――先生が信じているものは、なんですか？

科学です。自分のやってる研究、つまり自分ですね。僕がやっている科学や技術の研究も、先はどうなるかわからないけど、研究員とかは信じてついてくるわけじゃないですか。ある意味、宗教の信仰みたいなものですよね。

宗教を求める人というのは、「世の中のことがわからなくて不安でしょうがないから、答えを教えてください」って言ってるわけですよね。僕は「それはわからないから、わからないままにして、ちゃんと自分で考えましょう」と言って、研究を続けているんです。それが僕の答えであって、「僕のところに来たら幸せになります」とは言わないです。

宗教の話でいうと、仏教にはとてもシンパシーを感じます。仏教は精神論ですからね。僕は「自分とは何か」とか「人間とは何か」といった問いの答えを探るために研究をしてますが、そのときに仏教の考え方はぴったりくる。仏教がめざす、何もない無の境地に立つというのは、姿形ではなくて、自分とは何かを考え続ける、問い続けるという精神活動が、いちばん重要なんです。

僕のアンドロイド研究が、仏教に相通じるものがあると浄土真宗の研究所からも言われました。その研究所に呼ばれて、仏教系の大学で講演をしたこともあります。ご本尊を開帳してみんなでお祈りしたあと、僕の話ですからね。講演というより説法の状態でした。

ほかの宗教は神様がいるので、違うんですよ。仏教には神様がいないんです。仏様はもともと人間です。仏様は天地を創造したわけじゃなくて、心の中にある存在じゃないですか。自分の中に世界があるというのが仏教の考え方です。いろんな人との関わりを通して、自分の姿がだんだん立ち上がってくる、見えるようになってくる。それって、ロボットは人を映し出す鏡だという、僕の持っている精神と一緒だと思います。

死は怖くない

――仏教には輪廻転生という考え方がありますが、先生は、死んだらどうなると思いますか。

無限時間の中に入っていく、と考えています。死ぬときって脳の活動が衰えていくじゃないですか。そうすると、感じる時間がどんどん長くなるんですよ。僕らがどうやって時間を感じるかというと、脳が時を刻んでるからです。この世界を認識しているのも脳ですからね。脳が機能を停止していくと、時間の流れは無限に長くなる。

だから死ぬということは、永遠に時間が進まない無限時間の中に入ることなんですよ。あと一秒で死にますという瞬間に、その一秒を時計の針が刻まなくなる。「死にました」って感覚はないんです。相対的に脳が感じるのは、永遠の命なんですよ。だから死ぬのは怖くない。時間が止まるだけですよ。

寝るのと同じような感覚なんじゃないですかね。寝ると意識がなくなりますけど、怖くもなんともないですよね。夢を見ているときは違いますが、寝たときもほぼ、感覚的には無限時間に入ります。「いつの間にか寝てた」って思ったりしますよね。あれが死ぬということに近いのかなと思うんですよ。

僕の祖母が大往生だったんですね。前の晩までみんなと普通にしゃべっていて、「今日はちょっと早めに寝るわ」とか言って、次の朝、起きてこなかっただけなんですよ。だから楽だったでしょうね。ああいう死に方はいいですよね。

――身近な人を亡くすことは辛くないですか？

悲しいかもしれないけど、そんなに辛くはないかもしれません。だって自分も含めて、いつかはみんな死ぬわけですから。それに、ほかの理由でも、その人に会えなくなることはあるわけですよ。

辛く感じるのは、自分の一部のように思っているからでしょう。僕は、脳の中にしか自分はいないと思っているので。人に依存しない自立した精神を持っていれば、苦しむことはないんじゃないかと思います。その人自身が後悔して死んだんだったら嫌なかんじがしますけど、そうでないなら問題ないと思います。

——先生はもし、余命宣告を受けたらどうしますか？

その余命宣告がどれくらいの長さかにもよりますよね。余命一〇〇年とか言われたらどうしようかな（笑）。そのときは、もう一回大学に行くかもしれませんね。でもこの歳から、あと一〇〇年も生きたくはないですね。

じゃあ、余命一年って言われたらどうするか。そもそも、余命宣告を信用しないと思います。がんは治ってしまうかもしれないし、診断が間違っていることもありますよね。だから僕は何も変わらないと思います。死ぬからといって一年間むちゃくちゃなことをして、そのあとにも生きていたら嫌でしょ。

余命宣告を受けたら仕事を捨てて、好き勝手やりたいという人は今、好きなことができていないわけですよ。今すぐそれをやったらいいと思いますけどね。僕は今すでに好きなことをやっているし、死ぬ覚悟はできてる気がします。

拝む対象はなんでもいい

――仏教には、仏像を拝むことで死の恐怖を和らげる、という側面もありますよね。

死の恐怖を和らげるというか、自分のことを考えるきっかけになるということじゃないですかね。あるお寺の住職が言うには、仏教は偶像崇拝ではなく心の問題なので、拝む対象はなんでもいいんです。ただ、何もないと拝みにくいので、仏師に仏像をつくらせたんですね。キリスト教では、十字架のキリスト像がほとんど唯一の拝む対象になっていますよね。仏像はお釈迦様ではあるんだけれども、いろんな姿形があって、キリスト像に比べるとはるかにバリエーションが多いように思います。

有名な仏師で、運慶っていますよね。運慶のつくった仏像は、ひとつとして同じようなものがないんですよ。運慶は「人の存在とは何か」とか「仏の存在とは何か」といった、自分の疑問に徹底して向き合って、仏や人の存在感の再現をめざしてチャレンジを続けているかんじがする。それがすごく面白いんです。運慶の作品を見たときに、仏師っていうのは、アンドロイドをつくる僕と似たような感覚を持ってるんだなと感じましたね。

たとえば、奈良の興福寺にある、無著(むじゃく)像と世親(せしん)像は、ものすごくリアルなんですよ。非常に表情豊かで、視線の向け方とか手の表情とか、仏像というより彫刻ですよ。目も、水晶を使った義眼、「玉眼」を使って、人間らしい目を再現してます。もし今、運慶が生きていたら、アンドロイド技術を使って仏像をつくったんじゃないかなと思います。

人間の存在の根本というのは、見た目ではなくて、そこにいる感じがするということだと思うんですよ。お釈迦様とか神様も、自分の隣にいるって信じられることが重要なんですね。それを表しているのが「存在感」という言葉です。存在感っていうのは、実際にそこにいることが問題ではなくて、そこにいる感じがすることですよね。

その存在感を表現したほうが、祈りの対象にしやすいと考えて仏像はつくられたんだと思うんです。そういうところがロボットに似てるかもしれません。

存在感を持つロボット

――仏像とロボットが似てる、というのはどういうことですか？

「機械人間オルタ」というロボットを、東京・お台場の日本科学未来館に展示しているんですけど、毎日のように見に来る人がいるんです。オルタはものすごく人を惹きつけるんですよ。顔と腕以外は機械がむき出しで、複雑な機械と、人間の脳を模したニューラルネットワーク（人工の神経細胞ネットワーク）で自動的に動いているんですけど、一度として同じ動作をとらないんです。だからその動作に、見る人が自分でいろんな解釈をつけられるんですね。それはたぶん、動かない仏像も同じなんですよ。

機械人間オルタ

仏像は動かないし、顔は能面みたいだけど、自分の心の持ちようによっていろんな表情に見えたりします。オルタは動きますが、その複雑さゆえにいろんな感情とかメッセージを読みとることができるんですね。だから毎日来て、一時間くらい見てる人がいるんですよ。それはもう信仰の対象のような気がしますね。

信仰って何かというと、その対象に映し出される自分の内面を感じて、仏様や神様のメッセージとして受けとるということだと思います。オルタはそういうことを可能にしているわけですから、ロボットも仏像も同じような役割を持っていると言えますよね。だからロボットが近い将来、本当に信仰の対象になりえると思います。

そういう存在感を持ったロボットで、人の存在感にあふれる社会をつくるっていうのがロボット技術の究極の目標だと、僕は考えているんです。

隣にいること

――運慶は、仏像を人間に似せてつくろうとしましたが、先生の言う「人の存在感を持つロボット」も人間に似たものが良いと考えていますか？

さっきも言ったように、「存在感」っていうのは、隣にいるように感じられることです。

たんなる物体がそこにあるだけでは、隣にいるように近しく、友達のように感じるのは難しいですよね。誰もいない、ほかにはいっさい何もないところでその物体と一年間過ごしたら、友達になるかもしれないけど(笑)。

とはいえ、人間は擬人化する能力が高いので、見た目の人間との近さだけが問題になることはないです。人間そっくりのアンドロイドだと、すぐ擬人化できますよね。最低限の人っぽい見た目のロボットだと、見た目だけでは少し難しいんですけど、きちんとしゃべることができたら、人間はそれを擬人化します。だから、擬人化できる見た目と対話できる中身が必要ということですね。

それから、物理的な近さも、当然影響します。人間は、近くにいると、実際に触れたり感情をやりとりしたりするので、遠くにいるよりも相手を信じやすくなります。「あなたのことを大事に思ってますよ」って、ほとんど会わない遠くにいる人から言われても信じられないですよね。そういう意味では、人間と同じように、身体を持っているほうがいいという面はありますね。

女性型のアンドロイドを使った実験があるんですけど、そのアンドロイドがバーのカウンターに座っていて、隣にお客さんが来るんですね。そして二人でしゃべっているときに、アンドロイドがちょっと体を寄せたりすると、めっちゃいいかんじになるんです。で、アンドロイドが「ねえ、チューして」とか言うと、お客さんはもうのけ反っちゃって、本当にアンドロイドが自分のことを好きでいてくれるって、ほぼ百パーセント勘違いするんです。男はそんなもんですから（笑）、そういう動作だけでやられちゃうんですね。でも誰だって、憧れの人にぎゅっとされて「好き」って言われたら嬉しいはずです。それと同じことですよね。ようするに、触られるということは、無条件に反射行動を引き起こして、脳に直接訴えるから、相手のことを信じられるんです。

安心できる豊かな社会

――たんに「信頼できるロボット」ではなく、「人の存在感を持ったロボット」をめざすのはどうしてですか。

人の存在っていうのは、自分の内面を映す鏡でもあるんですよ。人間は自分を映すものがなければ、自分のことが全然わからないんです。だからさっき言ったように、仏像が信仰の対象になるんですね。そういうものは、まわりにたくさんあったほうが豊かなかんじがするし、安心できますよ。

たとえば、ヨーロッパの古い街が観光客に人気があるのは、ただ古いというだけじゃなくて、人の存在をいろんなところに感じるからです。石の壁ひとつにしても、人の手でつくられたかんじがして人臭いんです。だから居心地がよくて安心感があるわけですね。

日本だと、大阪の空堀（からほり）にある長屋街。それから京都にもけっこう残っていますよね。すべてがコンクリートでつくられたようなところではなくて、生活感がある古い町並みで、人の手がずーっと入っていると感じさせるところです。僕は哲学の道や南禅寺を下りてきたあたりも好きですね。ああいうところって、一人で歩いていても寂しくないじゃないですか。

ただ、特に日本の都会って、豊かなかんじがしないんですよ。戦争で焼け野原になったということもあるし、もともと木でつくられてる家が多いというのもあって、新しくコンクリートでつくり直されてしまって、ヨーロッパの古い街のような人臭さはほとんど残っていないんですよね。古くからの文化が消えてしまっている。だから都会で暮らしていると、社会性のある人間として、豊かな生活を送ってる気がしないんです。砂漠の真ん中にポツンと一人でいるような、空虚で寂しいかんじがするんですよ。

文化というのは、人の影以外の何物でもないと僕は思います。世界遺産をいちばん多く保

有しているイタリアに行けば、どこに行っても文化の、人の匂いがします。めちゃめちゃ濃いですね。スペインでも同じ印象を受けます。

そういう、街の雰囲気がそのまま人の存在感を伝えるのと同じように、ロボットを使って人の存在を感じさせるという方法もあるわけです。身近にロボットが普及すれば、人口がどんどん減っていく日本の社会でも、いたるところで人の存在が感じられて、全然寂しくなくなりますよ。

社会性の生きもの

——一人で生きるのは寂しいものなんでしょうか。

一人でいるのがだめとか、そういう問題じゃないんです。さっきから言ってるとおり、人間は自分一人だと自分がわからないんです。だから、人間は社会性がないと生きられない。これは遺伝子に書かれていることです。社会のなかに人の存在感がたくさんあるということは、それだけ自分を映し出すものがたくさんあって、人が人らしく、文化的に豊かに生きられる社会である、ということですね。

以前に空堀の築一五〇年ぐらいの長屋で、アンドロイドの展示をしたことがあります。その長屋のカフェにアンドロイドを置いてたんです。ものすごく古い、人間くさい長屋にアンドロイドってすごくマッチするんですよね。人間の存在を色濃く感じさせる雰囲気のなかに、アンドロイドがまったく違和感なく溶け込んでいる。僕らの背景にある文化と、発達する技術、それを併せ持ってつくっていく社会は、そういう安心できる豊かな社会なんじゃないかなと考えています。

終　章

自分を
デザインする未来

各章から見えてきた未来の生き方、
そして僕のつくりたい未来。

宇宙人に技術を教えてもらいたい

――先生は、人間みたいな宇宙人っているると思いますか？

終章は未来について話すんですよね？　宇宙人って未来の話とつながるの？（笑）

まあ、いると思いますよ。人類というのは、自然淘汰の結果なので、似たような条件で進化したら、似たような形になるんじゃないですかね。いろんな可能性があったなかで人間は生き残ってきたわけだから、この「人間」という答えは、けっこうユニークなんじゃないかと思うんですよ。無脊椎動物から脊椎動物になって地上に上がる、つまり、最初は海にいて陸に上がって、脳を大きくするために二足歩行になって、という進化は、ほかになかなか答えが考えられないかもしれないです。だから、似たようなやつが宇宙のどこかにいる可能性は十分にあると思います。

――その宇宙人に捕まったらどうしますか？

捕まってみたいですね。捕まったら、その事実を報告して本を書きます（笑）。あと、僕の知らない技術を教えていただきます。宇宙人に捕まるということは、少なくとも星を越えて飛べるような凄まじい技術を持っているということで、我々の知らない技術がいっぱいあるはずなので、それを知りたいですよね。

でもたぶん、そこまで技術が進んでいる宇宙人は、調査が目的だったり、知的好奇心が強いはずだから、捕まえるとかそんな野蛮なことはしないんじゃないですか。人間よりも精神的に高度に成長したものがやってくるはずです。捕まえる場合は、記憶を消されるか、実験台にされて跡形もなく消されるんじゃないかな（笑）。すでに地球上にいるかもしれないしね。

ワープは今の人類ではできないことが証明されているので、それを越えてやってくるっていうのは、もう想像の域を超えてます。ワープができないんだから、人間と同じような宇宙人には会えないんですよ、我々は。それでも会うということは、その宇宙人は地球上の誰も想像しえない技術を持っているんですよね。

すでにある未来

——そのお話が、すでに想像の域をはるかに超えてます（笑）。ここまで伺ってきた話でも、先生はいつも楽しそうですね。

聞かれたことに好きなように答えただけだけどね（笑）。別に自分の考え方が特殊なんて思ってないし。ただ、自分の考えたいことを好きなだけ考え続けられる状況は、特殊なのかもしれないですね。

でも、今はまだ特殊に見えるかもしれないけど、世の中もっともっと便利になって、誰もが自分で自分のことをちゃんと考えられるようになるんですよ。僕のこの状況が一般的になるんです、もっと。

それに、うちの研究室にはたくさんロボットがあって、それがいろんな問題を教えてくれるんだけど、街にロボットや技術があふれてくれれば、今、僕がやってること、言ってることを、みんなも考える時代になると思います。

いつも楽しそうに見えるっていうのは、実際にそうだからです（笑）。何のために人は生

研究室によっていきなさい

きてるのかを考えて、それを知っていく未来って、楽しいんですよ。今はまだそういう日常をイメージできる人は少ないと思うけど、僕はそれをいろんな人と共有できればいいんじゃないかなと思って、こうしてこの本をつくったわけです。ここに書かれていることは、本の中の話であって、想像の世界に思えるかもしれないけど、あなたにも起こること、近い未来に体験することなんですよ、と。

――未来には、先生みたいにみんな幸せになれる、ということですか？

いや、幸せか不幸せか、みたいな考え方はしてないです。どんなときでも、自分が精一杯生きていられるか、だと思います。

幸せとか不幸せっていうのは、相対的な価値観なんです。ようするに、他人との比較における勝ち負けという話だから。そういう比較じゃなくて、勝っても負けても楽しく過ごせる方法がないとだめなんです。僕の場合は、どっちにしても人に関する知識が増えたと感じられるんです。何か行動を起こすと、失敗するときもあるし、成功するときもあるし、人に負けるときもあるし、勝つときもあるわけでしょ。でもすべて、情報は増えてるんですよ。だからいつでも楽しい人生なんです。

ロボットをつくる理由

――先生は、これから何をやりたいと考えていますか。

やりたいことは山盛りありますけど、今いちばん力を入れているのは、第4章でも話した、意図や欲求を持つロボット、これをつくりたいんですよね。なぜかというと、意図や欲求を持たないと、本当の友達、ともに生きる相手にはならないからです。第6章で話した「人の存在感を持つロボット」ですね。今のロボットは、中身がないんです。欲求がなければ感情は生まれないし、ロボットの自律性なんて望めないじゃないですか。

意図とか欲求がちゃんと持てると、ロボットも自然な感情表現ができるようになるし、もう一方で、人間の意図や欲求をロボットが理解できるようになるんですよね。自分が持っていないものは理解できないので。人と話していて「この人はこういう欲求を持ってるなあ」と感じるのは、それが自分の中にあるからでしょ。だから、ロボットが人の意図や欲求を理解しながら、言われたことだけをやるんじゃなくって、「あ、この人はこういうことをやりたいのか。じゃあ、こういうサービスをしてあげよう」と考えられるようになるわけです。

そういう人間らしい機能を持つには、意図や欲求は絶対必要なんですよ。

それがもしできたとすると、おそらく強烈に自我や意識を持っているように感じられるロボットになると思うんですよね。つまり、ものに意識を感じる時代になると思います。

そして、本当の意味で、僕らがいちばん知りたいところに近づけるんじゃないかと考えています。今よりももっと深いレベルで「人間とは何か」ということがわかってきて、自分の存在とか生きてる意味とか、この世に存在するということについて、もっと深く考えられる気がするんです。それが、人間らしいロボットをめざす理由ですね。

未来をつくる

――先生はそういう未来がやってくると考えてるんですね。

違います、未来がやってくるんじゃなくて、つくるんです。神様とか、ほかの誰かがつくってくれるんじゃなくて、僕がその未来をつくりますって宣言してるんです。

僕がどういう未来をつくろうとしているのか、極論を言うと、ロボットが人間についていろんなことを教えてくれる社会なんです。第3章で話したとおり、人が考えるには一人ではだめで、それを映す鏡が必要なんですよ。だから、今のでくの坊みたいなロボットじゃなくて、意図や欲求を持ったロボットができたら、生きるとは何かとか、考えるとは何かということを、目の前のロボットから学べるような時代が来るはずなんですね。

今はまだ、技術でお金を稼いで、他国より有利になって、そうすることで経済活動を引き起こすなんていう話をしてますけど、技術によって世界はどんどん平等になっていくと考えています。たとえば、アフリカで電話線がない場所でも、みんなスマホを持っていて、牛を買う決済もスマホで全部やってるんですよ。ようするに、技術はもうどこでも誰でも平等に使えるレベルになってきてるわけですよね。そうすると、人の優位性は、技術だけでは簡単に確保できなくなってきて、お金もそんなに稼げなくなるような時代がくると思います。

そういう社会って、差別のない社会だし、同時に、その技術を通して人って何かということがよく見えるようになる社会なんです。なぜかというと、技術は人間の大事な部分を置き換えたり、拡張したりするものだから。

僕はそういうことが本当の技術の進歩だと考えていて、最終的に技術っていうのは貧富の差をなくして平等な世界をつくるものだと思うんです。そして、技術が進んで飢えなくなると、肉体を維持するための活動なんてあまり意味をなさなくなるわけですよ。

そうすると、人間はさらに高度なことを考えるようになると思います。たんに欲求を持って何かするぐらいのことだったら、ロボットでもできる、じゃあその欲求の上のものって何なのか、より人間らしい、より人間らしいものって何なのかを考えるじゃないですか。だからそうやって、人間がより人間らしい、つまり人間にしかできない人間固有の能力を拡張していくんですよ。ようするに精神がもっと重要になるわけですよね。

まとめて言うと、ロボットが人間の生き方を教えてくれるぐらいに、技術を進歩させて、格差のない精神的に豊かな未来をつくりたい、僕はそう考えています。

機械を恐れない

——生きているうちに、どこまで実現できると考えていますか。

意外に早いですよ、きっと。めっちゃ早いと思う(笑)。たとえば、囲碁でコンピュータが勝つまでに、一〇年ぐらいかかるんじゃないかなって思われてたんですけど、実際には一年半しかかからなかったんですよ。僕らの予測の一〇倍ぐらい早いんです、世の中の動きは。

僕のイメージでは、僕が生きてる間、あと四〇年ぐらいの間に、人間とロボットの区別が議論にならなくなるぐらいの時代が来ます。今、スマホと人間の区別をしないのと同じぐらいに。それぐらいのことはもう絶対来ると思うな。

今はまだ、ロボットって怖いと思う人も多いでしょ。でも、スマホはあんまり怖くないじゃないですか。だって今使ってるからとか、大事だからとか、まるで「スマホは別腹」みたいなことを言ってるわけです（笑）。

スマホは、自分の脳の半分ぐらいが手の中にあるようなものなんですよね。体の一部みたいに感じてるんです。一方で、ロボットは独立した人格を持っているように感じるから、怖いんだろうと思います。でも、自分の頭の中にだって、怒りっぽい自分とか穏やかな自分とか、いろんな人格が存在してますよね。それは怖くないんだから、身体が別にあるロボットだけを怖がるのはおかしいんですよ。精神的に人格が二つあることと、身体が二つあることを、混同してしまっているんです。身体が分かれていることにそれほど意味はない。スマホとロボットを別物のように考える必要はないんです。

だから、社会にロボットが増えて、毎日普通に使うようになれば、ロボットもスマホのように受け入れられます。人間は機械を恐れなくなるんですよ。そのうちみんな、「え、ロボットの何が怖いの？　いつも一緒にいるじゃん」って言うようになると思います。

知的生命体として存在する

——人間が機械を恐れなくなると、どういうことが起こるんでしょうか。

機械と融合することに抵抗がなくなるということは、永遠の命は、ほぼ見通しが立つと考えられます。以前よりも長く生きられるし、人間を脅かす存在ももういない。ようするに、恐竜がどんどん大きくなって恐竜の世界をつくったのと同じように、人間はもう完全に現代の恐竜なんですよ。人間が滅びるとしたら、氷河期で恐竜が滅びたような、そういう地球レベルの変動以外はありえないかもしれないですよね。

とはいえ、それも克服できる可能性があります。たとえば、太陽のフレアがどかんと出て、電磁波が出てきたりすると、成層圏が壊れるなり、癌化するなり、いろんな問題が起こるんですけど、身体を機械化してしまえば解決できますよね。それはまだ、もうちょっと先の話だけど、そういう可能性さえもあります。僕の説はそうなんですよ。人間がさらに進化するとロボットになるので、今は生活の九割が技術に支えられている人間、つまり九〇パーセントのロボットが一〇〇パーセントのロボットになって、完全に死なないでいい世界をつくるんだと。

これまでは、滅びる可能性があったから、一生懸命遺伝子を改良してきたんですよ。似たようなやつが出てくると滅ぼされるから。でも頂点に立ったら、遺伝子改良なんてしなくていいんです。だから、生き残るとか種族を残すとかっていうプレッシャーはどんどん弱くなっている。そうすると、そもそもなんで生きているのか、なんで自分がこの世に存在してるのかがわからなくなるんです。だから、単純に技術開発を進めていくとかいうことじゃなくて、自分たちの存在の意味を、もっと考えないといけなくなるんです。

でもまあ、他のやつが攻めてきて滅びる可能性はあります。もしかしたら猫が進化して人間の世界を乗っ取るかもしれないし、宇宙人が我々を捕まえにくるかもしれない（笑）。そういうことを多少は考えて、生き残るための最低限の観察はしておかないといけないんだけど、基本的には人間は無敵になる。そのときに、何をめざして生きるんですか、この知力って何に使えばいいんですかと、知的な存在としての存在意義を考えるっていうことが重要になります。つまり、生きる目的は自分で見つけないといけない時代になってくるんですよ。

人間の進化

——機械化して生きるということは、映画や小説の世界のように遠く感じますが……。

さっきも言ったように、もう人間の九割は技術なんですよ。だからそう遠い話じゃないんです。人間とは道具を使う猿、つまり技術を使う動物なので、技術で進化していくことは間違いありません。

大昔は、動物的な力で強さが決まっていたけど、その体力に相当するものは技術に置き換えられてきましたよね。速く走る代わりに自動車ができたり。その次に、知能で人の強さが計られるようになる。つまり、賢い人が強くなったんですね。ただしそれも、単純な部分はコンピュータにとってかわられつつあります。たんなる計算や記憶はコンピュータのほうが、絶対に速くて正確です。

それと同じように、人間の機能が技術によって機械化していくことも、すでに起こっています。たとえば、第1章で「食べること」も、技術によって効率化されていくという話をしましたよね。第2章の「着ること」も、肌を人工物で覆ったり、メガネをかけて視力を上げるというのは、まさに部分的な機械化と言えます。その延長線上に、スマホで自分の脳を拡張すること、義手や義足で身体能力を拡張すること、内臓を人工臓器に換えることがある。そしてその先には、身体の完全な機械化が起こる。そう考えれば、不思議なことではないですよね。

力や知能、身体そのものが技術に置き換えられていくと、さっき言ったように、重要になるのは精神です。人間は肉体では定義されなくなって、物事の概念を理解するとか、哲学を持つという精神的な活動が大事になるんです。

技術が可能性を拓く

――無機物に近づくと同時に、人間らしい精神的活動がより重要になる、というのは相反しているようにも思えます。

有機物じゃなくなるということは、肉体に制約されないということで、今よりももっともっと自由度が増えるんです。今までだって、僕らはどんどん自由度を増やしてきましたよね。自動車や新幹線、飛行機であちこちに行けるようになったし、インターネットやスマホで知識をどんどん取り込めるようになった。

ようするに、肉体の制約を取り払うということは、自分の想像したものに瞬時になれる、ありとあらゆる形態になれる、だから未来は自由なんだよ、という話なんですよ。選択の可能性が無限に増えるんです。完全に機械化する時代までいかなくても、近い未来、僕がつくろうとしてる未来は、選択肢が増える未来なんです。

たとえば、技術が進めば、身体障害者の人は義手や義足、インプラントとかいろんなものを使えるので、物理的な制約がぐっと少なくなります。それから、自閉症の子どもがロボットを使うと、よくしゃべるようになるという実験結果もあります。しゃべりたくてもしゃべれない、だからずーっと頭の中で「しゃべるんだったらこう言おう」って考えていたことを、ロボットを通して伝えられるようになるんです。


——技術が、もっと人間を生きやすくしていく、ということでしょうか。


そうです。障害を持った人だけじゃなくて、誰もがより生きやすくなっていくんです。

技術が進むというのは、仕事が減るとか、コンピュータに乗っ取られちゃうっていう話じゃなくて、生き方に余裕が生まれて、バリエーションが増えることなんです。自分でやりたいことややるべきことをちゃんとやれるようになって、自分で好きな生き方がデザインできる、誰もが人間らしい豊かな生活を楽しむことができる。自分とは何かとか、もっともっと深く自分に関して理解するチャンスが増えてくる。そういうことですね。たんにお金を稼いでごはん食べて寝てるだけの動物的な自分から脱却できるんです、誰もがね。

ロボットを怖いと感じるように、技術を受け入れる人と受け入れない人というのはあるかもしれません。でもそれも選択肢のひとつです。それに、第5章で触れたように、能力の差が出たとしても、教育がちゃんと底上げしてくれますからね。バリエーションが増えるということは、ありとあらゆる人が生きるチャンスを持つということだし、人それぞれ、いろんな生き方ができるっていうことです。

人間というのはこんなに大きな脳を持っているんだから、世の中をちゃんと客観的に理解して生きていけるんです。その中でいちばん理解が難しいのは、自分自身の存在なんですよね。自分自身の存在を理解するということが、人間の生まれながらにして持った宿命なんですよ。今までは哲学者や研究者が追究してきたことを、技術とともに誰もが考えて世界をより良くしていく、もっともっと、みんなが人間らしく過ごせるようになることをめざしていく、それが人間の生きる目的なんです。

石黒　浩（いしぐろ　ひろし）

1963年滋賀県生まれ、大阪府在住。自分そっくりのアンドロイドをはじめ、マツコ・デラックス、桂米朝、夏目漱石、黒柳徹子などのアンドロイドを次々と生み出している、ロボット研究の世界的権威。大阪大学大学院基礎工学研究科教授（栄誉教授）、ATR石黒浩特別研究所客員所長（ATRフェロー）。工学博士。ロボット・AI関連のベンチャー企業の技術顧問も務める。好きな食べ物はカップヌードルとプッチンプリン、好きなお酒はグラッパ、好きな画家はシャガール。大抵のことはできる自信があるが、楽器演奏は上手くできた試しがない。
おもな著書に、『アンドロイドは人間になれるか』（文春新書）、『人間と機械のあいだ』（講談社）、『人はアンドロイドになるために』（筑摩書房）、『枠を壊して自分を生きる。』（三笠書房）、『人間とロボットの法則』（日刊工業新聞社）。

カバー・本文イラスト　岩岡ヒサエ

教養みらい選書　001
僕がロボットをつくる理由
――未来の生き方を日常からデザインする

2018年3月20日　第1刷発行　　定価はカバーに表示しています

著　者　石　黒　　浩
発行者　上　原　寿　明

世界思想社
京都市左京区岩倉南桑原町56　〒606-0031
電話　075(721)6500
振替　01000-6-2908
http://sekaishisosha.jp/

（印刷・製本 太洋社）

ISBN978-4-7907-1708-9

教養みらい選書

001
僕がロボットをつくる理由
未来の生き方を日常からデザインする

石黒　浩

衣食住から恋愛・仕事・創造の方法まで、自身の経験や日々の過ごし方を交えて、「新しい世界を拓く楽しさ」と人生を率直に語る。

002
食べることの哲学

檜垣立哉

動物や植物を殺して食べる後ろ暗さと、美味しい料理を食べる喜び。この矛盾を昇華する、食の哲学エッセイ。隠れた本質に迫る逸品。

003
感性は感動しない
美術の見方、批評のレシピ

椹木野衣

絵はどのように見て、どう評価すればいいのか？　美術批評家が、絵の見方と批評の仕方をやさしく伝授し、批評の根となる人生を描く。

以降、続々刊行予定

鷲田清一の人生案内　鷲田清一

音楽との出会い方　岡田暁生

書名は変更になる場合があります。